无人配送系统集成概论

王　敏　齐继东　尹林暄　主编

北京航空航天大学出版社

内容简介

无人配送已经成为“科技引领、智慧驱动”的物流配送新模式，开展无人配送系统集成研究既是热点又是趋势。本书共分为六章，主要介绍无人配送、无人配送系统集成相关概念；无人配送系统集成要素分析；无人配送系统集成模式分析；无人配送系统集成数据资源规划；无人配送系统集成体系结构设计和无人配送系统集成应用与对策。

本书适用于物流管理与配送相关专业本科和研究生使用，也可供相关工程研究人员参考使用。

图书在版编目(CIP)数据

无人配送系统集成概论 / 王敏，齐继东，尹林暄主编. -- 北京 ：北京航空航天大学出版社，2025. 2.

ISBN 978 - 7 - 5124 - 4463 - 8

Ⅰ. F252. 14

中国国家版本馆 CIP 数据核字第 20240773PN 号

无人配送系统集成概论

王　敏　齐继东　尹林暄　主编

策划编辑　刘　扬　　责任编辑　刘　扬　周美佳

*

北京航空航天大学出版社出版发行

北京市海淀区学院路 37 号(邮编 100191)　http://www.buaapress.com.cn

发行部电话：(010)82317024　传真：(010)82328026

读者信箱：qdpress@buaacm.com.cn　邮购电话：(010)82316936

北京雅图新世纪印刷科技有限公司印装　各地书店经销

*

开本：710×1 000　1/16　印张：10　字数：202 千字

2025 年 2 月第 1 版　2025 年 2 月第 1 次印刷

ISBN 978 - 7 - 5124 - 4463 - 8　定价：49.00 元

前　言

无人配送已经成为“科技引领、智慧驱动”的物流配送新模式，在国内外得到了广泛的实践应用。随着无人机、无人车、无人船(艇)等无人装备与人工智能、物联网、大数据技术的不断融合发展，探索多种无人装备集成以及无人装备与有人装备协同配送成为主要趋势。在军事配送领域，基于高原高寒、山岳丛林和边防岛礁等恶劣环境下对物资保障的需求，大力发展无人系统集成配送成为后勤保障智慧化的重要方向。因此，我们编写本书。本书按照无人配送系统集成要素、无人配送系统集成模式、无人配送系统集成数据资源规划、无人配送系统集成体系结构设计和无人配送系统集成应用的思路和结构设计编写而成。

本书共分六章。第一章为绪论，主要介绍无人配送、无人配送系统集成的相关概念，以及无人配送系统集成应用需求；第二章为无人配送系统集成要素分析，主要介绍无人配送系统集成的构成要素、基础性要素和支撑性要素；第三章为无人配送系统集成模式分析，主要介绍无人配送系统集成模式概念、集群模式和跨域无人配送系统集成模式，以及无人配送系统集成模式应用的目标与要求等；第四章为无人配送系统集成数据资源规划，主要介绍无人配送系统集成规划分析、无人配送系统集成主要内容、无人配送系统集成数据体系和无人配送系统集成决策主题等；第五章为无人配送系统集成体系结构设计，主要介绍无人配送系统集成体系概要、无人配送系统集成数据规整、无人配送系统集成模块结构和无人配送系统集成网络架构等；第六章为无人配送系统集成应用与对策，主要介绍无人配送系统集成应用软件、无人配送系统集成应用实例和无人配送系统集成应用对策等。

本书由王敏、齐继东统稿，第1～3章由王敏、龙绵伟、王开勇、张文斌、柴树峰、吕卓石负责编写，第4～6章由齐继东、王敏、尹林暄、吴磊明、周京京、张兵、王涵、杨园园等负责编写。许珂、李嘉琪等学员参与了资料收集和整理工作。陆军军事交通学院刘士通教授、陆军勤务学院杨西龙教授等为本书提供了颇多有益的建议，在此表示感谢。

本书在编写过程中参考了一些相关领域的文献，在此向各位文献作者表示诚挚的谢忱。由于编者水平有限，书中难免存在缺点和不足，对于不妥之处敬请读者和同行们批评指正。

编　者

2024年12月

目　录

第一章　绪　论

随着互联网、大数据、人工智能等现代信息技术不断涌现，无人机、无人车、无人船（艇）等无人装备被广泛应用于配送领域，极大地提升了配送系统的保障效能。为了进一步发挥无人装备的优势，实现对资源的高效使用，无人配送系统集成应用悄然兴起。分析无人配送系统集成的内涵、集成目的与集成机理，探讨典型环境下无人配送系统集成的应用需求，对于指导无人配送系统集成应用实践具有重要意义。

第一节　配送与无人配送概述

一、军用物资配送

（一）配送的一般性概念

目前，关于配送的概念，国内外尚无一个统一解释，现有的解释在配送的功能作用、配送的作业过程以及配送的业务范围方面各有偏重。譬如，在美国对应配送一词的英语原词为 Delivery，强调配送的功能作用，即将货物送达；日本工业标准（Japanese Industriad Standard，JIS）将配送解释为"将货物从物流节点送交到收货人处"，强调配送的作业过程就是货物的送达过程；而美军联合配送是指从美国本土到海外战区指定地点的部队运送与部署，强调配送的业务范围不仅包括装备物资运输，还包括部队人员的输送。

尽管各国各行业有关配送的概念不尽相同，但这些概念均明确无误地指出了配送就是"送货"的基本含义。仅就送货而言，其大致包括两个作业过程，即送货前的配货配装和送货时的合理送达。前者属于"配"货物的过程，后者属于"送"货物的过程。经济发达国家对配送概念的解释中往往只是强调"送"，而并不强调"配"，其原因是在买方市场的发达国家中,“配”是为了完善“送”的经济行为,是提高自身竞争能力和自身经济效益的必然行为,即合理的“送”作为最终目的而在配送中占据着主导地位。

1991年,日本出版的《物流手册》将配送描述为“与城市之间和物流节点之间的运输相对而言,将面向城市内和区域范围内需要者的运输称之为配送”。同时进一步解释道:“生产厂与配送中心之间的物品空间移动称为运输,配送中心与顾客之间的物品空间移动称为配送。”这一解释从性质上将配送定义为局限在一定区域范围内、直接面向用户的运输形式,再一次强调了配送中“送”的功能作用。

《物流术语》(GB/T 18354—2006)对配送的定义为:“在经济合理区域范围内,根据客户要求,对物品进行拣选、加工、包装、分割、组配等作业,并按时送达指定地点的物流活动。”2021年,新版《物流术语》(GB/T 18354—2021)对物流术语进行了修订,将配送定义为:“根据客户要求,对物品进行分类、拣选、集货、包装、组配等作业,并按时送达指定地点的物流活动”。这一定义比较全面地描述了配送的作业内容和功能作用,但不是所有的配送活动都需要完成定义中所有的作业内容,而是应该根据用户的要求和物品的特点有所取舍地选择作业内容。

根据以上国家标准对配送的定义,配送的基本内涵包括以下3个要点。

1. 直接面向用户需求

配送是直接面向用户的物流服务活动,必须根据用户的要求进行配货和送货。用户要求通常包括物品品种、物品数量、送达时间、送达地点、物品安全和经济便利性等。虽然说“满足用户要求”是配送的基本理念,但用户要求应合情合理,否则,无条件的“满足用户要求”反而会损害供需双方的利益。

2. 配和送的有机结合

配送从性质上属于运输范畴,其核心功能主要是创造物品的空间效用,即配送是“以送货为主、以配货为辅,配为送服务”的物流活动,但这不是说配货作业在配送活动中就不重要,而是表明送货作业是配送活动的最终服务产品。如果没有科学合理的配货作业,就不可能经济合理地实现送货作业,进而也就无法有效地满足用户对于服务的要求。正因为如此,配货通常反映的是物流企业内部的组织管理水平,而送货通常反映的是物流企业面向用户的物流服务水平,并且往往与产品的销售实现无缝链接。

3. 区域范围经济合理

相对于运输而言,配送是面向用户需求的特殊运输形式,其所运送的物品具有批量小、批次多的特点,远距离配送会导致其规模经济性变差以及运力浪费严重。因此,配送并不适宜采用大型运输工具在很大的区域范围内运营,通常应局限在一个城市或一定的区域范围内进行，故配送又被称为末端运输、二次运输或中转运输。

（二）军用物资配送概念

依据《物流术语》（GB/T 18354—2021）对配送的定义，并结合军事物流的性质特点和实践活动，可以将军用物资配送的概念定义为：根据部队用户需求，合理调配军地资源，对军用物资进行分类、拣选、集货、包装、组配等作业，并按时送达指定地点的军事物流活动。

军用物资配送的概念除了包含一般性配送的基本要点外，在应急应战的情况下还具有以下 4 个特点。

1. 鲜明的军事特性

军用物资配送是为满足部队用户需求而发生的军事物流活动，具有鲜明的军事目的，对于保障时效性的要求很高。在战时或应急物资保障情况下，军用物资配送除了要考虑经济效益之外，更加需要注重军事效益。

2. 动态的响应特性

军用物资配送是直接面向部队用户需求的军事物流活动，需要针对特定的部队用户在特定的时间范围内来完成特定的物资送达任务。在战时情况瞬息万变的条件下，军用物资配送必须能够持续而迅速地响应战场环境和军事需求的动态变化，只有这样才能按照正确的时间将正确的物资送达正确的地点。

3. 广阔的空间特性

部队用户除了驻扎在一般的平原地区外，还要驻守高原高寒、山岳丛林、边防岛屿等特殊地域，因此，军用物资配送具有广域的空间特性。在必要的情况下，军用物资配送会打破配送“中转送货”和“末端运输”的基本模式，并突破经济合理的区域范围，采用直达配送的保障模式并利用最快捷的运输手段将军用物资配送到指定地域。

4. 科学的配置特性

军用物资配送包含 3 个基本物流问题：物资从哪调、物资如何配和物资怎么送。因此，军用物资配送的组织过程更多地体现为资源的配置特性。为了满足军用物资配送需求，常常需要打破战区之间、军兵种之间、部门之间以及军地之间的体制壁垒，统筹配置军事物流资源和充分利用地方物流力量，适时、适地、适量地为部队用户提供精确化直达式配送保障服务。

二、军用物资无人配送

(一) 无人配送的发展及其特点

目前,无人配送同样还没有统一的概念。无人配送最初是指物品流通环节中没有或是有少量人工参与,用机器替代人工或者人机协作的方式进行的物品配送;也指通过与互联网+、无人技术、人工智能的深度融合,完成从产品生产到客户之间的交付过程。基于配送的相关概念,依据当前无人配送应用实际,我们可以将无人配送理解为满足特殊场景下物资的配送需求,使用能够接收远程控制、远程指导进行自主环境感知、自主导航行动的无人车、无人机、无人船(艇)等无人平台将物资送达用户的物流活动。

1. 国外无人配送的发展

国外无人系统发展起步于20世纪60年代,在军事用途和工业自动化领域率先发展。21世纪初,美国DEMO Ⅲ计划中的试验无人车已经具备障碍检测和避让能力。除美国外,以色列、法国、德国、英国、日本等国家也都开始加入无人系统研制行列。

美国亚马逊和UPS在2013年开始测试无人机快递项目,主要使用八旋翼遥控无人机进行货物配送。

2014年,德国DHL曾在一个月时间内利用无人机向一个名为于斯特(Juist)的小岛运送药品,解决了陆运不便的难题。

2015年7月,商业无人机递送获得美国联邦航空管理局批准,成为无人配送系统发展的一个里程碑。沃尔玛、亚马逊、Flytex等公司先后推出物流配送无人机,用于快递配送和外卖配送环节。

2016年4月,亚马逊为“空中履行中心”(Airborne Fulfilment Centre)飞艇申请了美国专利,该种飞艇可以携带成千上万架无人机,能够存储大量货物,为无人机配送打下基础。根据专利申请文件,“空中履行中心”可以徘徊在13 700 m的高空。

2016年11月,美国无人机配送专业公司Flirtey也完成了一次无人机配送试验。Flirtey利用无人机为便利连锁店7-11(7-ELEVEN)周围1.5 km内的客户送货。Flirtey设计、开发、测试并应用相关技术,通过降低无人机悬挂的货物实现货物投放。

日本从2017年开始验证使用无人机进行山区邮件配送的可行性。

新加坡在2017年5月与空中客车公司签署了无人机交付研究和试验协议。

俄罗斯在 2017 年开发出一款新型四轴无人机 SKYF，它可以携带 400 lbs(181 kg)的货物，飞行最多 8 小时；可以垂直升降，用来喷洒杀虫剂、施肥、播种；还可以用于救援，配送食物、医疗用品等。

2. 我国无人配送的发展

我国无人系统虽起步较晚，但随着我国物流行业的发展和科技的不断进步，以京东、顺丰为代表的多家电子商务、物流企业在国内多个省市开展了大量的无人配送试点工作，我国无人配送系统发展与国外差距明显缩小。

近年来，京东解决物流配送“最后一公里”的末端无人机、无人车等在北京、陕西、云南、青海等多地实现了常态化运营。截至 2019 年底，京东末端无人机总配送已突破 4 万架次，总航程超过 20 万公里。京东无人配送车总运营里程超过 12 万公里，总配送包裹近 50 万单。2018 年 11 月，京东自主研制的“京鸿”大型货运无人机成功完成首飞，这也标志着京东“通航有人机＋支线无人机＋末端无人机”三级航空物流体系逐步形成。

2020 年初，在新型冠状病毒肺炎疫情暴发期间，京东无人机和无人车分别在内蒙古和湖北等多地开展民用生活物资配送和医疗物资补给活动，真正实现了无接触配送，有效减少了病毒传播途径，降低了感染风险。

顺丰在国内也较早尝试无人机送货，并将之融入原有的航空货运网络中，使其物流能力和服务水平都上了新台阶。与此同时，顺丰旗下的丰鸟科技取得了中国民用航空局颁发的吨级载重、长航时支线物流无人机试运行许可和经营许可。过去几年，顺丰曾先后在江西赣州、四川成都等地设立无人机基地，并在阳澄湖、舟山等地运送大闸蟹等生鲜水产。

2019 年 9 月，中共中央、国务院印发的《交通强国建设纲要》明确指出要“积极发展无人机(车)物流快递”，为无人配送的发展提供了政策支持。近年来，5G 技术的不断发展给物流行业带来了重大变革，基于 5G 的智能车辆和无人装备为无人配送提供了良好的技术支持，尤其是在无人机和无人车方面，利用万物互联带动了无人配送行业的发展。

2020 年底，圆通快递通过牵手智梭科技，其 L4 级无人物流车驶上了开放道路。德邦无人驾驶货车“德邦快递麒麟号”也亮相杭州街头，成为快递行业首台能够常态化运营的无人载重货车。2021 年，中通快递与矩阵数据科技联合启动了无人驾驶快递物流车“开拓者号”在中通快递总部的应用场景内测，主要解决快递网点到驿站的无人化应用场景需求。

新思界产业研究中心发布的《2021—2025 年中国物流无人机行业市场行情监测及未来发展前景研究报告》显示，2020 年，我国物流无人机市场规模接近 16.8 亿元 。新型冠状病毒肺炎疫情之下，无人配送车加速场景落地，逐渐从 B 端的库房、货站，封闭的校园、园区，走向C端更加复杂的小区、商场。据国内某投资机构发布的《末端无人配送赛道研究报告》显示，2021年，我国末端配送市场规模超3 000亿元，无人配送商业模型初步形成。

(二) 军用物资无人配送概况

1. 军用物资无人配送的概念

概括来讲，军用物资无人配送是指利用“无人配送装备矩阵”(无人机、无人车、无人船艇等)完成平战时特别是复杂环境下军事配送保障需求的活动。结合军用物资配送相关概念，依据当前军用物资无人配送实际需求，无人配送可以被进一步定义为：为满足特殊场景下军用物资的精确配送需求，择优编组无人机、无人车、无人船(艇)等无人运输装备，合理制订物资组配和配载方案，科学规划无人配送任务，将军用物资送达需求部队的军事物流活动。

信息化条件下的后勤配送呈现出许多新的特点和发展趋势。例如，配送的物资种类更为繁多复杂，需求紧迫性更高；配送链路末端距离供应点远，配送呈现点多、线长、面广的态势；配送环境恶劣，常常是高原高寒、山岳丛林和边防岛礁等情况，依靠传统的配送装备不仅在保障方面具有一定难度，而且保障时效性差，难以完全适应现代后勤保障的要求。以无人配送为代表的现代配送技术强调信息主导、智能决策、系统集成、高效快捷，契合了未来后勤保障需求实时感知、资源可视掌控、系统快速响应、远程立体投送、精确快速配送的特点与要求，对于推进军队后勤保障模式改革具有重要促进作用。

2. 外军无人配送的发展

目前，美军是拥有无人机数量最多的军队，也是最早将无人机应用于战场的军队，时间可以追溯到越南战争时。在越南战争之后的几次局部战争中，美军都大量运用无人机执行各类任务。在阿富汗战场，美军针对当地高原多山地形，大量使用无人机进行后勤配送补给，提升了保障效率和安全性，取得了良好的效果。美军十分重视对无人机的发展规划，在《美国陆军无人机系统线路图(2010—2035)》中，无人机的发展规划被分为近期(2010—2015年)、中期(2016—2025年)、远期(2026—2035年)3个阶段。美军在该线路图中提到：近期规划，谨慎开发一些技术以支持后勤补给/运输无人机系统的研制；中期规划，陆军开始在战术和战役级别部署后勤补给/运输无人机；远期规划，陆军补给/运输无人机系统的机载计算和运载能力得到巨大提升，后勤补给/运输无人机得到陆军的广泛部署。

美国军方目前对于配送型无人机的战术要求主要是在威胁环境下为单兵、小分队等提供其所需的装备物资配送，包括向偏远地区运送弹药、饮水补给以及执行舰载补给任务等。美军发展配送型无人机主要通过改装现役平台和新研两种途径:现役平台改装主要在 K-MAX(自重 2.5 t,可携带 2.7 t 货物,最大航程 400 km)、塞斯纳 208“大篷车”(起降滑跑距离不超过 100 m,可携带近 2 t 货物,最大航程达 2 000 km)和 CQ-10A 雪雁(垂直起降,可携带 270 kg 货物,最大航程 150 km)等平台基础上进行;根据全新概念和技术研制的新型无人机补给平台主要包括美国诺斯罗普·格鲁曼公司的 MQ-8B“火力侦察兵”无人运输直升机、AAI 公司的“车夫”无人机、诺斯罗普·格鲁曼公司的“狂野之物”无人机和鲍尔温技术公司的单倾转旋翼验证机等。

近年来,在无人机配送实践方面,美军根据其规划进行了多次应用。2011 年 12 月,美军首次在阿富汗战场运用 K-MAX 无人直升机进行战场物资补给,并长期将其部署在阿富汗战场。2013 年,美海军陆战队在加利福尼亚空地联合作战训练中心组织的实战演习中,运用已装备部队的 TRV-80(载荷 2.25 kg)小型无人机对受困部队进行补给,标志着美军开始了利用无人机进行小型物资配送的探索。2018 年 3 月,美海军陆战队成功组织 32 架小型无人机以集群方式遂行战术前沿直达配送验证试验。美军评估认为,运用无人机实施战场补给任务,不仅有效规避了潜在的敌方伏击和路边炸弹袭击危险,而且作战成本远低于地面运输手段,其在物资运输、燃油补给、伤病员后送等后勤保障任务上优势明显。

除了无人机配送,美军在无人潜航器和无人车方面也开展了相关配送实践。2003 年,美海军在“巨影”演练中演示了利用“海马”水下潜航器为特种部队进行物资补给的课目,以对蛙人输送艇进行无人化改进,专门用于为特种部队投送武器装备、食物、药品等各种补给。2011 年 11 月,美陆军向驻阿富汗南部的第 10 山地师配备了 4 台具有伴随行动功能的“班组任务支援系统”(Squad Mission Support System, SMSS)多功能运输车,协助作战分队完成运输配送任务。SMSS 是美国陆军最大型的地面无人运输车,能够为 9～13 人携带 450 kg 的装备、物资、器材,满载最大公路行程 160 kg。

除美国外,以色列、英国、德国、日本、韩国等国家的军队也都在积极探索无人机配送问题。以色列的“空中骡子”运输无人机可垂直起降,载重 500 kg,航程 50 km,具备在指定点自主货运的能力,能够在战场的恶劣环境下运送物资补给;其出口型垂直起降无人机“鸬鹚”的飞行时速达 55.6 km,在执行战术支援任务时,1 架“鸬鹚”在 50 km 工作半径内可运送 500 kg 货物,10～12 架“鸬鹚”每日可持续运送保障 3 000 名作战人员的物资补给,同时还能后送伤亡人员。据韩国《中央日报》报道,韩国国防部日前公布了国防改革 2.0 方案部分内容,其中包括计划从 2024 年起开始创建无人机配送部队,通过无人机将粮食、弹药等补给物资送往前线。

3. 我军无人配送的发展

为解决部队平战时物资保障的突出问题，加强后勤保障能力建设，我军尝试开展无人化后勤保障试点。某军种后勤部联合顺丰、京东，首次成功运用无人机实施联合补给演练，迈出了无人机配送保障的关键一步；同时，其与顺丰、京东两人物流、电商集团签署战略合作协议，围绕运输配送、仓储管理、物资采购、信息融合、科技创新、力量建设、拥军服务及配套支撑等各方面进行全面合作，最终达到后勤配送“成系统，整建制，全覆盖”的目的，将“真正的军事物流与配送打造成国民经济向军队战斗力转化的纽带”。顺丰先后承接了军队装备器材、被装配送，药品运输，演习调防运输，热食保障等多个军民融合项目，并在营区内开设“快递驿站”，开展快递业务军营试点；京东则建立了信息共享平台，提供即时物流资讯、人才培养服务。此外，某大学与京东和陆军某部合作，组织了山地进攻作战无人化后装保障演练，为解决战场后装保障“最后一公里”问题进行了有益尝试。

近年来，我军开始推动无人运输配送试点建设。截至目前，武警部队、联勤保障部队、陆军等单位分别选取典型部队，重点开展了无人机运输配送试点建设，深入探索了无人机运输配送的勤务需求、保障模式、保障机制等，为我军无人机配送体系建设奠定了坚实的基础。

（三）军用物资无人配送的作用

1. 破解复杂环境制约配送行动的有效手段

随着配送理念、配送模式的发展变化和配送人员、装备力量的建设发展，平时配送具有一定的优势，能够较好地解决常规条件下的保障任务需求；但对于驻高原高寒、边防岛屿等特殊条件下的边防部队配送补给来说，还存在“断点”和“卡点”，尤其是高原高寒地区，受交通道路影响，这些地区往往需要骡马进行运输或者组织人力背运物资，采用常规保障方式时效性差、效率低、危险系数大，不适应我军快速、高效、精确的保障理念，需要无人运输配送力量作为新质手段以加强保障。与此同时，在战时敌对我火力打击和受路边炸弹等简易爆炸装置威胁严重的情况下，传统运输配送具有一定的危险性。据报道，美海军陆战队在阿富汗战争中10%～15%的伤亡发生在远程基地向前哨的补给期间。在复杂环境下应用无人装备进行配送，能够在保障有生力量安全的同时，达成安全、快速、精确的保障目标，是破解复杂环境制约运输配送问题的有效手段。

2. 全面优化提升配送能力的内在要求

实践证明，相比于有人系统，无人系统具备战场适应性强、保障快速精确、单机成本低、操作维护便捷等突出优势，能够大大提高运输配送能力。如美海军陆战队

2012 年在弗吉尼亚州的匹克特堡基地进行无人地面系统遂行后勤保障试验，就地面作战部队和运输部队使用无人系统和传统系统（有人）进行保障的效率做了对比，发现对于典型 8 辆车的车队，使用无人系统可以令人力需求相应减少 19%。美军从首次在阿富汗战场运用 K－MAX 无人直升机进行战场补给到 2013 年撤离阿富汗，K－MAX 无人直升机共执行任务超过 1 300 次，向前哨作战基地运送食品、燃料、设备和备件等物资 145 万余千克，相当于 600 台卡车和安全车辆的运送量，意味着在某种程度上减少了传统运输车辆动用的保障人员。开展无人配送力量建设，在大幅减少部队专业配送人员的同时，能够以精确高效的无人保障全面优化提升配送能力。

3. 适应未来作战配送新质化客观要求

随着无人作战力量的发展、无人作战装备的扩增、无人作战体系的完善和无人作战的广泛运用，未来作战的无人化、智能化特征越来越明显，“走起来一大串，停下来一大片”的保障方式已不能适应未来作战对于运输配送的需求，世界各国军队都在运输保障领域开展了系列部署和广泛应用。如 2018 年，美海军出台《无人系统目标》《无人系统战略路线图》，提出了“建设一支有人/无人系统无缝集成部队”的愿景等。无人系统在运输配送领域将被广泛应用，以适应未来作战运输配送机动灵活、全域通达的客观要求。

第二节 无人配送系统集成概述

为了更好地破解复杂环境制约问题，全面优化、提升配送能力并适应未来作战需求，无人配送系统需要被集成使用。那么，无人配送系统集成是什么？为什么要集成以及集成的内在机理是什么？本节将围绕这些内容分析无人配送系统集成的内涵、集成的目的和集成机理。

一、无人配送系统集成的内涵

（一）集成与系统集成的内涵

1. 集成的内涵

随着集成电路、信息集成、系统集成、集成产品开发、人与组织集成、技术集成、计算机集成制造等的广泛应用，“集成”一词频频出现。理解集成的概念是我们认识集成的出发点，是研究集成问题、探索集成规律、实施无人配送系统集成的基础。集成是从英文“integration”翻译而来，根据《韦氏大词典》的定义，集成是“把部分组合成一个整体”，也可译为“一体化”或者“整合”。“集成”在《现代汉语词典》中被解释为“同类事件汇集在一起”，从一般意义上被理解为聚集、集合、综合之意。“集成”实质上是指在一定条件下，将两个或两个以上的集成要素（单元）整合成一个有机整体的行为、过程和结果，也是为了实现系统特定的目标，行为主体基于现实可能性，有目的、有针对性地采取有效的方法，创造性地设计出可行的模式，对具有融合潜力的对象进行整合优化的过程。集成不是对象之间的简单加和与堆积，而是从整体效能出发，对要素之间的结合方式和系统的结构进行优化与重构，以实现集成系统整体效能的倍增和系统功能的涌现。集成作为一种普遍的活动，广泛存在于自然科学和社会科学的活动之中。随着人类社会的发展和人类认识的深化，人们在认识自然和改造自然的实践中，越来越主动地运用集成的思想和方法，解决人类社会发展中大量复杂的问题。

集成具有以下含义：

① 集成是一个过程、一项活动、一种方法。它既反映一种状态，也反映达到这种状态的过程，如已经集成了的，或正在集成的。

② 集成是行为主体的一项创造性的劳动。其创造性不仅体现在手段上，即集成方法和集成模式的创新，也体现在集成目标上，即集成系统整体效能的倍增和功能的涌现。手段创新是实现集成的必要条件，而达到目标是实现集成的重要前提。集成主体通过手段上的创新来推动集成目标的实现。

③ 集成是对特定对象的集成。在既定目标的牵引下，集成具有选择性，主要是对那些既有助于实现集成目标，又具有共同属性或关联关系（即集成性），并满足给定条件的对象进行集成。

④ 集成是一定环境下的集成，既要实现特定的目标，还要具有现实可能性。要通过集成形成效能更高、功能更强的集成系统，离不开当时的集成环境。同时，集成主体所设定的集成目标、所设计的集成方法和集成模式也都必须具备一定的现实可能性，不能脱离当时的客观环境和现实条件的约束。

⑤ 集成不仅是一种整合，更是一种优化，简单地加和或累积不是集成；没有在对象之间创造出新的关联关系，没有表现出整体涌现性，也不是集成。集成一定是在整合中存在优化，在优化中存在整合，并涌现出新的功能。

2. 系统集成的内涵

系统集成是伴随着信息技术的发展而出现的。美军通过其 C^4ISR 系统将指挥（command）、控制（control）、通信（communication）、计算机（computer）、情报（intelligence)、监视(surveillance)、侦察(reconnaissance)等作战要素集成到一起,实现了作战能力的提升。随着5G通信技术用于商业用途,万物互联成为现实,这也为系统集成提供了强大的技术支撑。美军的"海王星之矛"行动就是在典型的系统集成支撑下的战术级精兵行动。该行动中,侦察卫星和"全球鹰"无人机实时传输目标画面,C-17战略运输机远程投送行动部队,CH-47"支奴干"直升机运载补充燃料,"卡尔·文森号"航空母舰提供海上支援,MH-60"黑鹰"直升机搭载海豹突击队队员,突击队队员配备"陆地勇士"单兵作战系统,与联合行动中心共享情报信息,卫星通信系统将系统实时传回五角大楼,时任美国总统奥巴马在五角大楼坐镇指挥。从作战方式上看,该行动充分体现了陆、海、空、天、电五维一体联合作战的特征,而将这一切紧密联结并融合为一体的无疑是美军先进的指挥控制系统,这恰恰就是系统集成的核心所在。

所谓系统集成,是以信息网络为纽带,优化整合系统内各子系统之间的联系,强化和大幅提升系统的体系能力,从而实现系统一体化目标。

(二)无人配送系统集成概念

无人配送系统集成是指在一定的体制机制下,以信息集成为基础,以网络体系集成为平台,根据配送任务需求和环境要求,对无人平台与载人平台进行整合,或者对多个同构无人平台或异构无人平台进行协同,使这些平台能够像一个整体一样运作,从而达到使无人配送系统整体得到优化的目的。这里的"同构"是指同类型的无人平台,如无人机集群、无人船(艇)集群等;"异构"是指空域、地域或水域的不同类型的无人平台。

在应对平战时特殊场景下多样化配送任务的过程中,无人车、无人机、无人船(艇)等单个无人平台由于自身在动力、功能和性能等方面有所限制,暴露出保障范围受限、保障效率低、灵活性差、鲁棒性弱等问题。而通过对无人平台与有人平台的整合或多个无人平台之间的协同进行保障,能够大大扩展无人平台的使用范围,具有提高保障效率和增强灵活性等功能。

美军在"项目融合—2021"演习中,验证了综合运用无人机系统和无人车系统为纵深作战的特战分队进行补给。美国陆军第82空降师的一个陆战分队作为被补给对象,其提出的补给要求以及具体补给信息经低轨通信/中继卫星传递给前进保障基地;前进保障基地指挥所派出"黑鹰"货运无人机和"班组任务保障系统"(SMSS)运输型无人车进行召唤式补给和伴随式补给,如图1-1所示。

在军用物资配送领域,依据配送任务需求、配送环境条件和无人装备的战技术性能等开展无人配送系统集成与应用是实现特殊条件下无人配送的客观要求,也是未来无人配送发展的必然趋势。

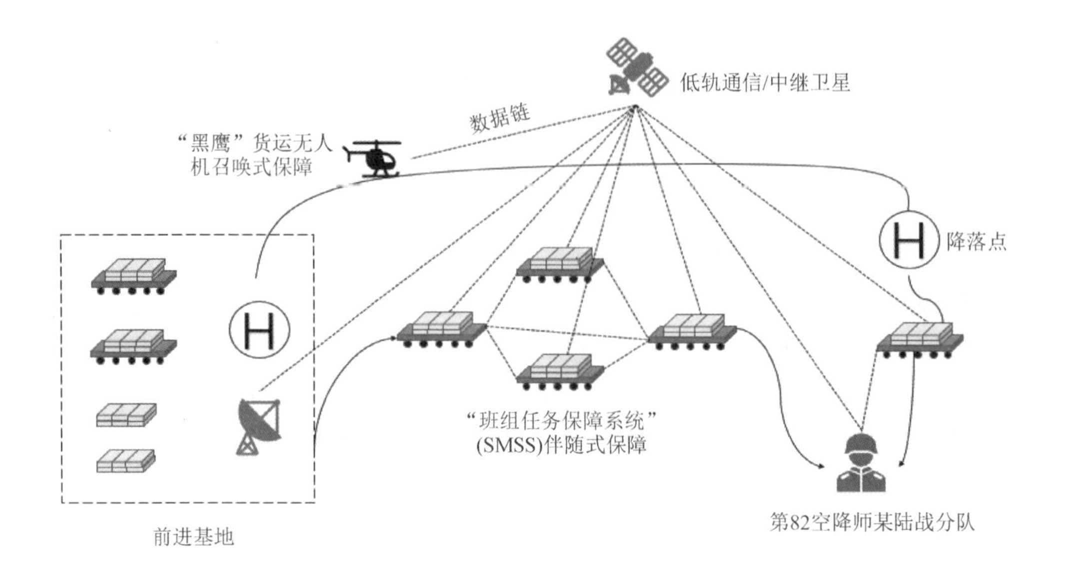

图 1－1 "半自主补给"科目演练场景

(三) 对无人配送系统集成的理解

要认识无人配送系统集成，首先要分析无人配送系统集成的基本问题，即无人配送系统集成对象、集成方式和集成方法，这 3 个方面构成了无人配送系统集成研究的基本问题，是无人配送系统集成形成与发展的基础，或者说，任何集成都是这三者相互作用的结果。

1. 无人配送系统集成对象

集成对象就是被集成的对象，是指在构造集成系统的过程中被集成的要素、单元或组成部分，是集成动作的受动者。集成对象具有相对性和层次性。从要素的角度来讲，无人配送系统是一个由无人装备、物资以及人员等实体性要素与组织、制度、法规、信息、标准、政策、技术等非实体性要素有机结合而成的系统。无人配送系统集成对象包括实体性要素，也包括非实体性要素；相对来讲，非实体性要素的集成对集成系统整体功能的影响更大。从集成单元或组成部分的角度来讲，无人配送系统由无人机、无人车、无人船(艇)等无人配送子系统组成，无人配送系统集成对象包括无人机、无人车、无人船(艇)这些不同子系统和由子系统构成的成员实体、信息、业务流程等。从集成的相对性和层次性的角度来讲，无人配送系统集成对象包括战略层级无人配送系统集成、战役层级无人配送系统集成和战术层级无人配送系统集成。

2. 无人配送系统集成方式

集成方式是指集成单元之间相互联系的组织形式。从该角度来讲，集成分为单元集成、过程集成和系统集成。单元集成是处于同一层次的同类或异类集成单元，是在一定的时空范围内为实现特定功能而集合成的集成组织。过程集成是集成单元按照某一有序过程集合而成的集成组织。系统集成组织是各种同类、异类集成单元在相同层次或不同层次上集合而成的整体系统组织；集成的多样性、复杂性是其显著特征，且系统集成体有着明显的层次性。

无人配送系统集成是将存在松散、分散配置的无人机、无人车和无人船（艇）等保障资源进行整合，通过数据资源、信息系统、网络等要素进行整体联通，使这些资源在不同层次上实现相互融合。由此可以看出，无人配送系统集成是集合重组型的系统集成。

3. 无人配送系统集成方法

集成方法是指支持集成方式、完成集成过程、实现集成目的所采用的手段或工具。无人配送系统集成方法主要有物理手段、管理手段、信息手段等。物理手段主要应用在实物集成上，即无人机、无人车、无人船（艇）等不同实体之间的物理连接和相邻环节之间的装备衔接等。管理手段主要运用在参与集成的内部组织中，如通过管理体制、机制和相关政策制度的干预、支持和鼓励，使无人分队参与集成形成合理保障。信息手段适用于集成中的所有成员实体，主要依托的是搭建科学合理的信息平台，高效控制无人配送信息流，从而实现对各成员主体的集成行为与活动的控制。

无人配送系统集成对象的内在性质决定了集成的行为和组织模式；无人配送系统集成方式则是集成对象的组织形式，决定了无人配送系统集成的路径和方法；而无人配送系统集成方法决定了能否实现整个集成过程。

二、无人配送系统集成的目的

无人配送系统集成的目的是集成活动在宏观战略层次上的指导方针，是集成的行动指南。无人配送系统集成的目的主要表现在以下 3 个方面。

1. 发挥装备协同优势

复杂环境下的物资配送任务面临着诸多现实困难，单一的无人配送系统因受自身功能、载荷、续航等方面的限制，在难以克服这些困难时就会导致原有的配送效能无法正常释放。由此，通过集成一定数量的同构或者异构无人系统/装备，利用信息交互与反馈、激励与响应，实现系统/装备相互间的行为协同，在发挥某一装备独特优势的同时，对其存在的“短板弱项”进行补充，减少单个系统/装备自身限制因素对配送行动的制约，最大程度地发挥装备的协同优势。

2. 实现资源集约使用

无人配送系统在进行配送时，涉及无人机、无人车、无人船（艇）等多种装备。目前，不同装备的管理主体、使用对象、应用模式不同，大部分装备趋向于分散管理和独立使用，没有形成无人机、无人车、无人船（艇）等多装备集约使用的合力，造成严重的资源浪费。

本质上来讲，许多装备既具有军队内部通用性，又具有军地通用性；既可以在军队内部整合，按照任务类型将不同的无人配送装备集成纳入相应部队编制，进行集中管理和综合使用，提高资源使用效率，又可以在军地之间进行集成整合，实现军地双赢。在无人机领域，军队可以利用地方已有的专业化、规模化、高水平、高质量的无人机为部队服务，从而把精力集中在无人车、无人船（艇）等地方应用相对较少的保障模式建设上，这样能够进一步提高无人配送系统的集成度。

3. 提升整体保障效能

从遂行任务的角度来讲，无人配送效能包括对配送活动的计划、对配送任务的执行、对配送过程的监控，以及有关的辅助支持效能。通过无人配送系统集成，可以优化无人配送系统各环节的效能，提升无人配送整体的运作效率。从装备运用角度来讲，无人配送装备包括无人机、无人车和无人船（艇）等。通过无人配送系统集成，在不同配送任务场景下科学规划各种无人装备集成运用模式，能够最大化地发挥平时和战时无人配送体系的保障能力。

三、无人配送系统集成机理

1. 系统涌现机理

涌现机理是系统形成整体涌现性的机理，是系统科学范畴的概念。系统科学将整体才具有的特性称为整体涌现性，通俗表述起来就是“整体大于部分之和”。无人配送系统集成是对无人配送系统中的无人机、无人车、无人船（艇）等各无人装备组成的系统进行整合和组织，实现组成部分的有序组合，构建出具有新的属性和特征的集成化无人配送系统，所体现的正是系统的涌现机理。

无人配送系统的集成过程就是集成体在整体层次上体现新的性质、状态和能力的过程。通过集成优化单元间的结构，充分发挥信息的整合力，将无人配送系统上的链节真正地联结起来，形成集成化的无人配送系统，涌现出组分或组分总和所不具备的新的性质和能力，而这种新的性质和能力即具有单个无人车或者无人机配送所不具有的保障能力。

2. 结构释能机理

对无人配送系统进行集成，一种情况是将松散的要素、单元整合为一个有机系统，获得整体涌现性，亦即系统涌现机理；另一种情况就是通过改变配送系统组分之间的关联方式，进而实现保障能力的提升和释放，即集成的结构释能机理。

结构是由系统元素间相对稳定关联所形成的整体架构，简单地说，“结构是系统的整体架构”。结构被视为元素之间相对稳定的、有一定规则的联系方式的总和。可以看出，结构实际上就是关联方式的总和。从系统论角度来讲，无人配送系统的整体功能是由无人机、无人车、无人船(艇)等无人装备与无人配送人员、信息系统等所组成实体、实体间的关联方式和环境共同确定的。集成并不能一定提升实体自身的能力，也无法改变外部环境，主要是通过调整来改变无人配送系统结构，即各组成实体之间的关联方式，使配送系统涌现出新的功能，释放出更强的保障能力。如无人机与无人机进行集群配送、无人机与无人车协同配送、无人船(艇)搭载无人机配送等，都是在一定程度上改变了系统要素的组合方式，实现结构优化，进而发挥出被掩盖的功能，释放出被束缚的能力。

3. 功能耦合机理

耦合在物理学上指两个或两个以上的体系或两种运动形式间通过相互作用而彼此影响从而联合起来的现象。功能耦合机理是指无人配送系统体系保障能力各构成实体的主要功能彼此影响从而联合起来，实现功能上的互利互补、效能倍增。集成得以进行并深入要归因于单元彼此间存在相互聚集的内在吸引力。功能具备相互耦合的性质是能够将具备不同功能的成员实体进行集成整合的前提和基础。无人配送系统中的无人机、无人车、无人船(艇)等各种装备单元具备空中、陆地和水面的不同配送功能，这些功能既相对独立，又相互依存，在配送系统体系保障能力的整体功能中各自发挥着不可替代的作用。强化这种依存关系，实现功能的进一步整合，必将有助于形成并提升配送系统的体系保障能力。

4. 规模增效机理

从系统论角度来讲，系统整体的属性不仅与组分的性质相关，还与组分的规模数量紧密关联，表现出一种规模效应。对无人配送系统进行集成，通过集成改变配送系统成员的数量、增减无人配送系统保障资源的规模，借助规模上的调整提升配送系统保障的效能，提高保障的效益，即集成规模增效机理。因此，要想形成无人配送系统体系保障能力，实现高效能保障，除了要有完备的功能单元、合理优化的系统结构，还可以从“量”上进行调整优化，如按照“军为骨干、民为主体”的原则，打造规模强大、精干高效的无人运输力量，实现配送系统整体能力的提升；或者汇集各方向、各层次、各部队配送需求，统一协调和集中使用，形成规模配送效应等。

第三节　无人配送系统集成应用需求

无人配送之所以发展迅速并得到广泛应用，主要是因为其在自然环境恶劣、路网条件不便、受敌威胁和打击严重等复杂环境下具有传统配送手段所不具备的优势，如无须有生力量前出至复杂环境执行配送任务，各型无人装备能够在复杂条件下快速展开行动，可采用不同的航行（行驶）模式，突破地形地域、交通状况、战场环境复杂不利因素对配送活动产生的限制，实现点对点的精确配送等。这在一定程度上解决了传统配送手段“配不上、配不远、配不快”的问题。军用物资配送保障对于无人配送系统集成的应用需求主要体现在以下方面。

一、高原高寒地区应用需求

我国西部地区是典型的高原高寒地区，其地形条件复杂、气候环境恶劣，道路状况差，基础设施建设欠缺，寒流、降雪等极端天气易导致发生道路阻断，加之海拔高、氧气稀薄，运输车辆的功率较平原地区下降较大，传统运输方式组织困难。

高原高寒边防连队物资运输投送保障链路主要依靠公路运输，分为军区汽车部队直达运输和接力运输两种；但部分边防连队因斗争需要，其点位设置偏僻险要，道路通行困难，仅能依靠人力传递或组织骡马运输物资。按照该种保障方式对偏远边防点位进行保障时，存在着保障效率低下、保障物资总量有限、保障周期较长、时效性差、任务分队危险系数高、受天候地形影响程度大、应急抢运能力弱等突出问题。

因此，针对分散于战术前沿的边防连队物资配送问题，可采用无人机集群、车辆-无人机协同等无人配送系统集成方式加以解决。如无人机集群采用智能算法规划路径、分配任务，从后方仓库取最短路径到达需求点，利用小型无人机可垂直起降、低空飞行、跨越障碍等特点，将物资直接配送至火力班（组）、医疗队等前线单元，实现物资由基地到战位的定点保障。同时，在集群中，可由部分无人机担负敌情侦察任务，提高战场态势感知能力，及时规避威胁，确保物资安全、可达。再如使用无人运输车跟随分队机动地提供就地补给，结合无人机精确避障降落的技术使其往返于车辆与后方仓库之间，持续不间断补充物资。

二、跨海岛礁地区应用需求

驻海岛部队离岸距离远，海洋气象水文复杂，渡海配送难度大。海岛部队物资补给需求量大，尤其是肉食、新鲜蔬菜、血清药品等重要物资，由于周边高温、高湿、高盐和强日晒的特殊气候环境，这类物资的储存时间有限，而海况恶劣且难以预估、码头停泊条件差等问题长期存在，遭遇恶劣气象时，船队补给易被中断。同时，各个海岛位置相对分散、物资需求和储存量不同、离岸距离各异等复杂情况给防区内物资供应保障工作带来更大的挑战。驻岛官兵的物资补给仅通过水路进行，由旅定期派出船艇保障，往返耗时长、保障成本高、通道唯一、易受海况天气等影响，对人力、物力消耗较大，总体保障效率低下。

通过对无人机与无人船（艇）的集成应用，例如无人船（艇）搭载无人机，由无人机承担全部或部分物资配送任务，实现空中垂直投送保障，减少物资配送对码头停泊条件的依赖性，提高物资配送对恶劣环境的适应能力。综合规划无人机与无人船（艇）的飞行、航行轨迹，以最优路径覆盖保障区域内各点位，从而降低总体配送成本，缩短保障周期。

三、山岳丛林地区应用需求

山岳丛林地区以我国南部边境为典型，其地形复杂、气候湿热，山多坡陡、林密草深，河溪交错、路少质差，雨季来临易诱发泥石流、山体滑坡等灾害，丛林内病虫害多、疫源地广，并且部队驻地基础设施条件有限、需求点位分散，交通主要依靠县级公路和乡村公路，且受季节影响大，每年雨季来临时，道路崎岖泥泞，山洪、泥石流等多发，易造成道路阻断，传统运输补给方式容易受阻中断。另外，驻兵单位呈现出点位多、沿线长、散布面广等特点，以传统公路运输为主，配送距离远、任务周期长、运输部队安全风险高，滑坡、泥石流灾害发生时易导致交通受阻，保障物资无法及时送达。同时，由于该种地区地形环境复杂，边防旅建制内步战车、运输车等载具装备战技术性能下降，当边防分队遂行边境巡防任务出现伤病员，而分队自身卫勤物资、力量匮乏时，传统运输方式难以及时到位并提供医疗卫勤保障支援，任务官兵面临危险系数升高，采用无人机或者无人车-机集成模式进行配送补给，能够大大降低危险性。

四、复杂情况下的应用需求

我军平战时行动多在极限条件下，如路段、桥梁、隧道遭受自然灾害和人为破坏，或者暗夜封锁限制等，在这样的条件下进行应急物资配送具有很大的难度。如夜间车辆行进目标大，不符合战术要求，难以实现遮障隐蔽，而暗夜条件下人背马驮存有较大风险，难以保证将物资安全按时送达。在这种复杂环境下，可以优化组合无人装备，采取无人机集群、运输机与无人机协同等方式，解决夜幕下视距较近、视线不良等问题，完成相应的应急物资运输配送任务。

五、战时条件下的应用需求

现代战争中的后勤保障方式发生了显著变化，无人机配送作为与传统配送相互补充的有效手段，已经成为一种较为普遍的模式，但是，仅仅依靠无人机配送显然还无法满足配送需求，尤其是远距离海上配送需求，单次配送不仅航程远，而且配载量有限，难以满足战时大规模的保障需求。除此之外，在战时不同阶段、不同场景下，配送任务有所不同，如在就地防御战斗阶段，战术前沿点位分散，易遭敌远程精确打击，后方地域向战术前沿进行物资配送，采用无人装备进行配送是较为有效的方法，但单架无人机循环在各个战术前沿点位进行配送，其风险性极高，一旦被打击，将使后续未配送的前沿点位断点断供。在这样的情况下，采用无人配送系统集成模式，如多架无人机集群或者无人机与无人车协同配送更为可靠，尤其在敌对我火力打击和受路边炸弹等简易爆炸装置威胁严重的情况下，快速展开地面无人系统和空中无人系统等各型无人装备通过集成方式组织多种方式配送，能够在保障有生力量安全的同时，达成安全、快速、精确的保障目标。

第二章　无人配送系统集成要素分析

无人配送系统集成可以被理解为在一定集成环境下，为了达成集成目的，基于集成的现实可能性，运用有效的集成方法，将集成要素整合成一个有机融合的集成系统的过程。由此，分析无人配送系统集成的构成要素，了解配送无人机、配送无人车、配送无人船(艇)等无人配送系统集成基础性要素和无人平台技术、法规标准等支撑性要素，便于从整体和细节上理解和把握无人配送系统集成体系，从而为无人配送系统集成应用奠定坚实基础。

第一节　无人配送系统集成构成要素

无人配送系统作为一个复杂的系统，其构成要素包括无人配送系统集成体系基础性要素和支撑性要素。

一、基础性要素

无人配送系统的基础性要素主要包括人员要素、装备要素和信息要素。

人员要素是指按照一定形式组织起来的应用集成无人装备开展无人配送活动的人群，也称无人配送力量，主要包括无人配送系统集成体系人员和地方支援人员。

装备要素主要是无人配送使用的装备和工具，包括无人机、无人车、无人船(艇)等，它们是无人配送系统运行不可或缺的物质条件。无人配送系统集成装备主要是围绕军用物资保障任务而存在的，其数量规模、技术水平、运行管理水平都会直接影响无人配送系统的物资保障能力。

信息要素是指无人配送系统中发生、传输、储存、处理的内外部信息，主要包括有关无人配送系统集成体系活动的数据、报表、情报、指令、信号、文件、账目等。无人配送系统集成体系信息产生于无人配送系统集成体系活动，反映了无人配送系统集成体系的运动状态和运动过程，反过来又对无人配送系统集成体系活动起着指导和控制作用，并为无人配送系统集成体系活动提供决策依据。没有及时准确的无人配送系统集成体系信息和相对应的信息化技术手段，就没有精确高效的无人配送系统。

二、支撑性要素

无人配送系统的支撑性要素主要包括体制要素、法规要素、技术要素和标准化要素等。

体制要素是对无人配送系统组织机构设置和管理权限划分及其相应组织关系的统称，是无人配送系统的组织运行环境。军事后勤保障体制决定了无人配送系统的组织结构体制和运行管理模式，无人配送系统只有按照现代后勤保障体制来组织实施物资保障活动，才能得到快速、协调的可持续发展。

法规要素是对无人配送系统集成体系活动条令、条例和规章的统称，是无人配送系统的法制管理环境。军事后勤保障体制下无人配送系统的运行管理不可避免地会涉及部门或人的责权问题。一方面，法规要素限制和规范无人配送系统的活动，使之与后勤保障系统、装备保障系统以及作战系统相协调；另一方面，物资保障任务的上传下达、业务部门责权的划分界定和业务工作流程的稳固创新都需要依靠一系列法规来维系。对无人配送系统集成体系领域法规的不断建设与逐步完善，将对无人配送系统快速而有序地发展起到保驾护航的作用。

技术要素是指无人配送系统所综合运用到的理论方法和技术手段，是无人配送系统的知识技术环境。现代无人配送系统的运行与管理需要先进的科学技术作支撑。科学技术的综合运用对现代无人配送系统集成体系的运行与管理有着决定性意义，是提高无人配送系统物资保障能力不可或缺的重要力量。

标准化要素是指为无人配送系统集成体系活动和服务所制定、发布、实施的系列标准，是无人配送系统的技术法制环境。无人配送系统是一个具有链状结构的大系统，各环节、各业务部门需要密切配合，同时也会此动彼应。无人配送系统集成体系活动和服务只有实施标准化，才能使无人配送系统从技术体制上实现各物流环节上下贯通、各业务部门无缝衔接、物资保障过程顺畅高效。因此，无人配送系统集成体系设施、无人配送系统集成体系装备、无人配送系统集成体系管理、无人配送系统集成体系作业流程及作业方法等方面的标准化，不仅是保证无人配送系统自身各环节、各部门协调运行的前提条件，同时也是保证无人配送系统与其他军事系统在技术体制上实现无缝对接的重要支撑条件。

第二节　无人配送系统集成基础性要素

无人配送系统集成的基础性要素主要是装备要素和人员要素，具体包括配送无人机、配送无人车、配送无人船(艇)和无人配送力量等。

一、配送无人机要素

(一) 无人机

无人机是无人驾驶飞机(Unmanned Aerial Vehicle，UAV)的简称，是利用无线电遥控设备或自备的程序控制装置控制管理的不搭载驾驶人员的航空器，通常由机体、动力装置、飞行控制与管理设备等组成。无人机在执行各种飞行任务和载荷任务时，需要整个系统配合工作，这种系统一般被称为无人机系统(Unmanned Aircraft System，UAS)。无人机系统是由无人飞行器、任务设备、测控与信息传输(数据链)、指挥控制、发射与回收、保障与维修等分系统共同组成并且能够完成特定任务的完整系统。

无人机可以按照飞行平台构型、起飞重量、飞行速度、活动半径、实用升限等多种方法进行分类。

无人机按照飞行平台构型可以分为固定翼无人机、无人直升机、多旋翼无人机和无人飞艇等。

无人机按照起飞重量可以分为微型无人机、小型无人机、中型无人机和大型无人机，具体区分方法是：微型无人机重量一般小于 1 kg；小型无人机重量一般在 1～100 kg 之间；中型无人机重量一般在 100～1 000 kg 之间；大型无人机重量一般大于 1 000 kg。微小型无人机因便于携带，适用于街巷作战等应用场景，例如重量仅有 16 g 的挪威“黑蜂”无人机和整机重 2.7 kg 的美国 RQ－14“龙眼”无人机分别为微小型无人机的优秀代表。大中型无人机主要应用于军事打击、中继通信等领域，例如整机重约 727 kg 的美国 RQ－5“猎人”无人机和空机重约 6 781 kg 的美国“全球鹰”无人机分别为大中型无人机的代表。

无人机按照活动半径可以分为超近程无人机、近程无人机、短距无人机、中距无人机和远程无人机，具体区分为：超近程无人机的活动半径在 5～15 km 之间；近程无人机的活动半径在 15～50 km 之间；短距无人机的活动半径在 50～200 km 之间；中距无人机的活动半径在 200～800 km 之间；远程无人机的活动半径大于 800 km。

无人机按照实用升限可以分为超低空无人机、低空无人机、中空无人机、高空无人机和超高空无人机，具体区分为：超低空无人机实用升限在 0～100 m 之间；低空无人机实用升限在 100～1 000 m 之间；中空无人机实用升限在 1 000～7 000 m 之间；高空无人机实用升限在 7 000～18 000 m 之间；超高空无人机实用升限大于 18 000 m。超低空无人机、低空无人机一般用于执行侦察和拍照任务，也可以用于执行战术或战役物资保障任务。中空无人机、高空无人机、超高空无人机一直是无人机技术的重点发展方向。此外，由于高空长航时无人机能进入高空，可以在安全高度长时间停留，甚至可以替代卫星，故常被称为“大气层人造卫星”。

(二) 配送无人机

根据工业和信息化部与中国民用航空局相关统计，截至 2019 年，我国民用无人机生产企业约有 1 430 家，生产各类无人机 3 000 余型，无人机实名登记数量共计 34.5 万架，其中适用于配送的无人机约有 100 型，包括载重 1 t 以上的无人机 6 型，载重100 kg 以上的无人机 20 余型，载重 10 kg 以上的无人机 70 余型，能够在海拔 4 000 m 以上高原使用的无人机 10 余型。

在军用物资配送领域，由于在航程、载重等性能方面存在差异，多旋翼无人机主要用于战术前沿物资保障，例如为边防一线哨所、巡逻分队配送给养；无人直升机一般为近程或中短程无人机，其载荷更大，可担负医疗物资、装备物资、大型弹药等战役方向物资保障补给任务；固定翼无人机航程较远，飞行速度快，可执行紧急情况下的应急配送或战略方向物资保障持续配送任务。

美军在配送型无人机装备技术领域的研究处于领先地位，对我军建强无人化后勤保障力量有着重要的借鉴意义，其主要发展途径之一就是改装现役飞行平台。

几个典型的美军使用的配送型无人机如表 2－1 所列，相关图片可参考图 2－1 和图 2－2。

表 2－1　美军使用的配送型无人机

型　号	载　荷	最大航程
K－MAX 无人直升机	2.7 t	400 km
塞斯纳 208“大篷车”	约 2 t	2 000 km
CQ－10A“雪雁”垂起型	270 kg	150 km

图 2-1 美军 K-MAX 无人运输直升机

图 2-2 CQ-10A“雪雁”无人机

配送无人机呈现出保障能力强、航行速度快、投送准确性高和应急处置反应迅速的特点，在小件、散件或单次批量较小的物资运输方面具有较高的效率，同时逐渐具备长距离、大批量运输的能力。

二、配送无人车要素

（一）无人车辆

无人车辆（Unmanned Vehicles）是一个集环境感知、规划决策、多等级辅助驾驶等功能于一体的综合系统，该系统集中运用了计算机、现代传感、信息融合、通信、人工智能及自动控制等技术，是典型的高新技术综合体。无人车辆主要包括轮式机器人、履带机器人和其他类型等。

1. 轮式机器人

轮式机器人按照车轮数目可分为单轮滚动机器人、双轮移动机器人、四轮移动机器人、多轮（复六轮和八轮）移动机器人。多轮独立驱动的轮式机器人其每只车轮都是单独的动力源并且相互独立，对车轮的输出转矩进行直接控制，具有很强的受控性。现有的产品级轮式机器人底盘一般自重约 100 kg，运行速度可达 8 km/h，续航可达20 km，垂直负载 100 kg，可用于巡检、物流运输、排爆协作等。

2. 履带机器人

履带机器人由于具有至少一条履带作为移动媒介，与地面的接触面积相比其他行走机构要大得多，从而使单位面积上的接地压力比较小，因此适合在各种类型的地面上移动，如土地、泥地、沙地等。同时，由于每条履带的外表面上均匀地分布着大量履齿（橡胶履带可能为梯形结构），因此，履带机器人的地面附着性能良好，并在与地面的相互剪切作用下，能够产生较大的剪应力，牵引力较大。另外，因为履带机器人的重心较低，加之在履带板的大面积支撑下，其行驶稳定性较好。履带式行走机器人采用的是差速转向，因此其转向半径较小，转向灵活度较好，具有优越的机动性能。

然而，履带式机器人在行驶时不可避免地会产生滑转与滑移现象，严重时还可能会发生侧翻事故；并且其行驶速度相比其他轮式机器人来说更慢。现有的产品级机器人一般底盘自重约 120 kg，垂直负载 80 kg，运行速度可达 7 km/h，能够原地转向。

3. 其他类型无人车

其他类型地面平台，如轮-履混合式机器人，具有轮式和履带式机器人的优点，可在不同路面采用不同类型的行动装置，获得最佳的机动性能；再如“腿”式机器人，其设计源于仿生学，可以适应各种复杂地形，能够跨越障碍，有着良好的自由度，动作灵活。

（二）配送无人车

配送无人车在打通军用物资配送链路的“最后一公里”难题和为任务分队提供伴随保障、勤务支援等方面具有独特优势。相对于无人机后勤存在突出的载重小、续航时间短等问题，无人运输车具有可行驶里程长、单次装载量大、大宗物资补给能力强的特点。除前文中提到过的阿富汗战争期间美军为其山地第 10 师配备的 SMSS 之外，美军还配有多功能战术运输（Multi-Utility Tactical Transport，MUTT）无人车，其功能是跟随士兵并为其携带装备。MUTT 有 3 种规格，即履带式、6×6 轮式和 8×8 轮式。8×8 轮式 MUTT 长 2.8 m，宽 1.5 m，可以携带 500 kg 左右的物品。履带式车型的最大续航里程为 97 km，轮式配置的车型续航里程为 58 km。

我军也在发展无人车辆装备，外形像火星车的“龙马Ⅱ号”就是其中一种。该装备不仅是四轮行驶，还能将前后 4 个轮子放下来进行八轮行驶。这种设计满足了全地形行驶需求，在 70 kW 单涡轮增压柴油机的配合下，拥有了更强的机动性。“龙马Ⅱ号”通过障碍物的能力较强，能够跨越 1.8 m 的壕沟，翻越 1.2 m 的垂直障碍物；在速度上具有一定的优势，最高时速 50 km，最远行驶里程达 200 km，能够携带更多的军用物资，不仅能够帮助士兵减负，还能为前线提供大量补给。图 2－3 和图 2－4 分别为美军 SMSS 无人车和我军“龙马Ⅱ号”全地形无人车。

在分队作战支援方面，信息化战争条件下，单兵作战能力不断增强，执行任务的单兵所需携带物资可达 30～50 kg，包括弹药、电子设备、通信工具、医疗药品和各种器材等，携行量增加，身体机能则会下降，进而影响作战效能。通过将无人车平台编入任务分队，减轻单兵负担，从而提升分队级的整体机动、侦察、作战能力的策略越来越为世界各国军队所重视。表 2-2 为几款军用无人车研发应用情况。

图 2-3 美军 SMSS 无人车

图 2-4 “龙马Ⅱ号”全地形无人车

表 2-2 军用无人车研发应用

型 号	应用场景	任务职能	有效载荷
“龙马Ⅱ号”无人越野平台	高原、山地等复杂地形地貌	物资运输补给，可搭载多种功能模块组	1 500 kg
MUTT 多用途战术运输车	步兵作战涉及的大部分地域	承担步兵负载，携带额外弹药、装备物资	350 kg
SMSS 班组任务保障系统	班组作战涉及的全地形	保障步兵班需求，可安装其他功能模块	450 kg

三、配送无人船(艇)要素

(一) 无人船(艇)

水面无人船(艇)(Unmanned Surface Vehicle，USV)是一种具有自主导航、自主避障和自主探测目标区域环境信息等功能的特殊水面无人平台，具有较强的海洋环境适应性、较大的作业/作战半径以及良好的隐身性和抗倾覆能力，可通过大中型舰船或岸基站来布放和回收。

美海军将无人系统作为其长期保持军事优势的重要技术手段之一并大力发展无人水面艇等装备，在这种背景下，美国防部战略能力办公室在 2017 年启动“幽灵舰队”计划，准备打造一支由 10 艘大型无人水面舰艇组成的无人舰队。该舰队可独立执行物资运输和火力打击等任务，搭载至多 40 t 的任务载荷，在 5 级海况内独立无人作业 90 天且不需要维护支持。2022 年 8 月，该计划的第四艘无人艇“海员”号交付并服役于美海军水面第 1 发展中队。

我国首艘百吨级无人艇于 2022 年 6 月在浙江舟山海域完成首次海上自主航行试验。该艇采用三体船型，排水量约 200 t，最大航速 20 余节，可在 5 级海况正常工作、6 级海况安全航行。

图 2－5 为美国“游骑兵”和“游牧者”无人艇，图 2－6 为我国人工智能无人艇。

图 2－5　美国“游骑兵”和“游牧者”无人艇

图 2－6　国产人工智能无人艇

与传统水面舰船相比，水面无人艇具有以下特点：

① 小型轻便，速度快，便于搭载，反应快速，机动能力强。水面无人艇体积和吨位小，采用高性能船型，平时存放在母舰上，需要时可快速驶往目标海域，能较长时间远距离航行。

② 隐蔽性好，生存能力较强。水面无人艇体积小、噪声小，艇体物理场弱，并可利用其小型和高速的特点，在海浪和岛礁等近岸复杂环境下轻松躲避岸基雷达站的搜寻和捕捉，可以隐蔽地出入特殊海区，伺机执行任务。

③ 活动海域广，有效使用时间较长。水面无人艇吃水浅，对航道和港口等处的水深要求低，大大扩展了其活动海域；在一定海况下可全天候值勤，有效使用时间较长。

④ 无人员伤亡。水面无人艇可在高危海域长时间活动，完成有可能危及人员安全的任务。

（二）配送无人船（艇）

目前，无人船（艇）的应用范围愈发广泛，涉及火力打击、配送补给、应急救援、情报侦察、水下破障等多个领域。当前有关水面无人船（艇）作为配送装备开展海上物资配送的研究较少，但我国拥有 300 万平方公里的海域，边防海岛远离大陆、位置分散、物资匮乏、气候多变，条件恶劣，常规补给舰携带补给或采用拖船方式进行物资配送风险大，采用无人船（艇）集群配送具有较大应用价值。

在执行近岸海防军用物资配送任务中，无人船（艇）可部署于岸基基地与岛礁之间或通过大中型舰船布放来负责勤务支援工作，实现物资的相互调配和临时补给。水面无人船（艇）抵抗风浪能力强，安全性和稳定性更好，通过集群方式进行配送，对岛礁靠泊能力和靠泊起降条件要求小，并且可以根据部队需求点的位置和需求数量灵活编组无人船（艇）的数量并科学规划配送路线，配送形式更为灵活，配送成本更低。

四、无人配送力量要素

无人配送力量是对以需求为牵引，利用无人机、无人车、无人船（艇）等运输手段遂行配送任务的各种组织、人员等的统称。从人员类别来看，无人配送力量包括建制无人配送力量和非建制无人配送力量；从装备类型来看，无人配送力量分为无人机配送力量、无人车配送力量和无人船（艇）配送力量等。

无人配送力量建设要按照作战力量与保障力量相匹配、建制运力与民用运力相结合、队属运力与支援运力相衔接，展开体系一体谋建，重点建设高原边防无人运输配送力量、山地丛林无人运输配送力量、跨海作战无人运输配送力量和空突作战无人运输配送力量。

高原边防无人运输配送力量平时主要用于高原高寒边防一线部队，以解决因驻地偏僻道路通行困难或因雨雪天气车辆难以通行情况下一线连队的日常物资补给难题，兼负区域保障任务；急战时听令快速收拢至机场枢纽，使用空军军用运输机或民航货机模块化空中机动转场，遂行全域支援保障任务。

山地丛林无人运输配送力量平时主要用于山地丛林边防一线部队，以解决因雨季发生泥石流、山体滑坡等自然灾害导致交通受阻时一线连队的日常物资补给难题，兼负区域保障任务；急时听令担负森林、消防、地震等国家应急救援运输投送保障任务；战时遂行机动支援任务。

跨海作战无人运输配送力量平时主要用于近岸岛礁、海岛边防部队，以解决生活、药品补给及遭遇恶劣海况时的补给难题，“以运代训”保障海防驻岛部队；急时听令担负抗洪水、台风及海上搜救国家应急救援任务；战时遂行支援作战，依托海上中继平台跨海投送及海空协同投送。

空突作战无人运输配送力量平时主要融入空突战法一体演训；急时听令担负国内应急救援运输投送保障任务；战时随队空中机动转场遂行各方向支援作战任务。

第三节　无人配送系统集成支撑性要素

无人配送系统集成的支撑性要素主要包括体制、法规、技术和标准化等，本节重点介绍无人机平台技术、无人车平台技术、无人船(艇)平台技术以及无人平台集成技术和无人平台集成法规标准等。

一、无人机平台技术

无人机配送作为物资保障的一种全新技术手段，在实现平战时物资快速配送、精确配送、智能配送、安全配送等方面具有重要的作用。无人机配送的技术含量高、操控难度大、保障要求高，如何充分发挥无人机配送的技术优势，确保无人机配送体系高效运转，关键是要建立健全完善可靠的技术保障体系；综合来看，重点是构建完善的无人机平台技术、地面综合保障技术、载荷投送技术、安全防护技术等技术体系。

(一) 无人机技术

无人机结构复杂、技术难度大、操控要求高，平台技术是实现无人机配送的基础。无人机平台的技术特性直接影响和制约着无人机配送的作业模式、操控方式和作业效能，在无人机配送技术体系中占有非常重要的地位，其主要包括平台结构、动力系统、电气系统、载荷设计、飞行控制等技术体系。由于无人机平台技术的专业性极强，目前主要依托无人机生产厂家和科研院所提供技术和智力支持。为了使无人机平台更加适合物资保障实际，需要对无人机平台的飞控系统提出一些特定的要求，主要包括：

① 态势感知能力。系统能够通过各种信息获取设备自主地对任务环境进行建模，包括对三维环境特征的提取、对目标的识别、对态势的评估等。

② 规划与协同能力。系统可以根据探测到的态势变化，实时或近实时地规划、修改系统的任务路径，自动生成完成任务的可行飞行轨迹，有效、经济地避开威胁，防止碰撞，完成任务计划。对于多机编队协同，重点是优化编队的任务航线、轨迹的规划和跟踪、编队中不同无人机间相互的协调，在兼顾环境不确定性及自身故障和损伤的情况下实现重构控制和故障管理等。

③ 自主起降能力。无人机在地形条件复杂或超视距范围内执行物资配送任务

时，通信信号会受到阻断或干扰，此时操控终端将无法精确操控无人机实施物资装卸载作业。在此情况下，无人机飞控系统应具备自主起降的能力，系统自动接管飞行控制权，自动完成无人机的起升、降落及装卸载等动作，待恢复通信后再将控制权移交给操控终端。

④ 通信链路技术。无人机系统作为相对独立的系统只在局域使用，在未来的战场，同一空域中将充斥着各种功能、各种类型的无人机与战斗机、直升机。无人机之间、无人机与有人机之间、无人机与地面作战系统之间必须进行有机协调，使无人机成为“全球信息栅格”的一个节点，实现无人机与其他无人机或指挥控制系统之间互联、互通、互操作。

针对无人机集群配送、协同配送的应用需求，应突破无线宽带分布式动态多址接入、实时鲁棒的宽带传输、数据链网络顽存等关键技术，同时将网络编码技术与路由技术相结合，通过选择编码机会最大的路径进行传输，优化基于网络编码的节点接入策略、多跳网络节点间信息交换传输策略，在不增加时延的情况下提高网络吞吐量，实现网络的大容量传输，从而构建无人机集群数据链自适应网络体系，为实现实时、宽带、安全的无人机集群数据链提供技术支撑。

（二）地面综合保障技术

地面综合保障技术是无人机配送系统的重要组成部分，涉及无人机的起降、充电、维护和管理等方面。无人机的起降站需要具备良好的地形条件和安全措施，以确保无人机的安全起降。充电站的设计应考虑充电效率和安全性，以满足无人机的快速充电需求。无人机的维护包括定期检查、清洁和更换零部件等，以确保其长期稳定运行。无人机管理系统需要具备实时监控和数据分析功能，以优化飞行路线和提高作业效率。

除以上地面综合保障技术外，为确保无人机配送作业顺利实施，还要构建完善的气象保障、空域管控、指挥引导等技术体系。与有人机相比，新型无人机采用的是地面控制站代替塔台指挥控制，需要新建视距数据链站、任务控制站、卫通地面站布站点，建设标准应满足布站点环境场所要求，能提供站点用电、通信等设施，并且便于地面站部署开设。

另外，使用无人机配送对机场跑道和外场保障设施的要求较低，可以在简易或留守场站进行部署，但同时需要充分考虑无人机保障的不同需求，在保障设施场所建设方面重点应关注新建无人机机库、新建地面站场地设施。

（三）载荷投送技术

由于配送物资的种类繁多，包装方式不尽相同，无人机在执行配送作业时，需要综合考虑物资特点和自身承载特性，优化载荷投放技术，确保载荷投放安全可靠。无人机配送物资载运可采取装载、吊挂和空投 3 种方式，应根据不同的载运方式考虑配送物资到达目的地后的接收问题，必要时要建立接收站或接收平台，确保战时急需物资能够迅速到达散兵坑。

1. 装载方式投送

物资可经打包或放入标准货箱中，装载在无人机下或无人机舱内送到指定地点，降落后由收货方取走货物，之后自动返回发送区。标准载货箱根据无人机尺寸、物资品种和形状而设计，主要由侧面开口的箱体组成，箱体的内壁设有缓冲气囊和固定气囊，箱体下的四角可安装减震弹簧以保证物资和无人机安全降落。

2. 吊挂方式投送

物资经绳索吊挂在无人机下方，通过自动装置放下绳索从而降低无人机悬挂的货物实现货物投放。采用吊挂形式进行运输不用担心吊挂物资外形的影响，可以快速、高效地开展物资运输投放作业。然而，无人机在吊挂物体飞行时，其系统稳定性会受到来自吊挂物体摆动的影响，需要研究克服这种影响的技术手段。

3. 空投方式投送

无人机抵达空投地点降低飞行高度并空投吊舱，地面人员继而从吊舱内取出物资。

不管采用哪种方式，都应当充分利用现代物流的先进技术，确保接收行动的安全高效。

（四）安全防护技术

战时战场环境恶劣，为提升无人机的战场生存能力，需要深入研究无人机配送安全防护技术，提升无人机平台的抗干扰能力；进一步优化和加密无人机配送的通信链路系统，降低被敌干扰或诱捕的风险；提高无人机隐身能力，紧急情况下可以通过快速机动实施有效规避。

提高无人机隐身能力的技术主要包括：

① 外形隐身技术。采用翼身高度融合的无尾飞翼布局、内埋式进气道、二维喷管等设计技术可有效降低雷达反射面积和红外特征，提高无人机的隐身能力。

② 等离子体隐身技术。理论和试验研究表明，该技术是隐身技术发展的新方向之一，飞行器上安装的等离子发生器所产生的等离子体能对飞行器关键部位进行遮挡，并对雷达照射进行吸收，从而实现飞行器的隐身。目前，这项技术在研究中暴露出了很多问题，仍有待解决。

③ 主动隐身技术。根据照射到飞行器上的电磁波频率、入射方向等，利用机载有源射频发射装置主动地发射与散射回波相位相反、幅度一致的电磁波，实现与散

射回波的对消。目前,主动隐身技术尚处于理论与试验研究阶段,但随着隐身技术的发展,特别是飞行器近场散射特性技术、电子支援措施(ESM)等技术的发展,主动有源对消隐身技术必将成为未来发展的重点。

二、无人车平台技术

无人车技术含量高、操控难度大、保障要求高,为充分发挥优势,确保无人车辆配送体系高效运转,需要关注无人车辆配送技术保障体系。综合来看,无人车辆配送关键技术包括环境感知技术、定位与导航技术、路径规划技术和大数据深度学习技术等。

(一)环境感知技术

环境感知技术是实现无人车辆行驶的基本条件,需具备实时性、鲁棒性和实用性,它包括以下4种技术。

1. 视觉感知技术

机器视觉采用摄影机和电脑代替人眼的方式,对目标进行识别、跟踪和测量。在无人车辆上,通过应用机器视觉,可解释交通信号、交通图案、道路标识等环境语言。与其他传感器相比,机器视觉具有检测信息大、价格相对低廉等优点;但在复杂环境下,要将探测的目标与背景提取出来,具有图像计算量大、算法不易实现等缺点。机器视觉又分为单目视觉、全景视觉和立体视觉。

2. 激光雷达技术

相对于视觉感知技术,激光雷达具有以下优势:雷达受外界环境影响很小,其可靠性和精确性要高于被动传感器;激光雷达采用主动测距法,对环境光的强弱和物体色彩差异具有很强的鲁棒性;激光雷达将被测物体到雷达的距离直接返回,算法更直接,测距更准确;激光雷达速度更快,实时性更好;激光雷达视角大、测距范围大。相对于摄像机,雷达的缺点也是显而易见的,其制造工艺复杂、成本较高。

3. 毫米波雷达技术

毫米波雷达工作在毫米波波段,其频域为30～300 GHz,波长介于厘米波和光波之间,兼有微波制导和光电制导的优点。毫米波导引头体积小、质量轻、空间分辨率高,穿透雾、烟、灰尘的能力强,具有全天候、全天时的特点。然而,雨雾对毫米波的影响非常大,吸收强度大,在雨雾天气,毫米波雷达的性能将会大大下降。目前,毫米波雷达主要应用于有人车辆的碰撞预警和防撞等主动安全技术方面,在无人车辆领域的应用相对激光雷达少;毫米波雷达可以探测一定区域内的所有目标,但是其方向性比激光雷达差,且测量精度也不如激光雷达;另外,相对于一般的二维激光雷达，毫米波雷达成本高昂。这些因素虽然限制了毫米波雷达在无人车辆上的应用，但许多国内外无人车辆仍然会安装一个毫米波雷达来探测车辆正前方的障碍。

4. 超声波技术

超声波指的是工作频率在 20 kHz 以上的机械波，具有穿透性强、衰减小、反射能力强等特点。超声波测距原理是利用测量超声波发射脉冲和接收脉冲的时间差，再结合超声波在空气中传输的速度来计算距离。现阶段广泛应用于倒车雷达系统中的便是超声波测距，目前国内外市场上大量存在的泊车辅助系统也大都采用超声波测距系统。

(二) 定位与导航技术

精确定位与导航是无人车辆在未知或已知环境中能够正常行驶的最基本要求，是实现在宏观层面上引导无人车辆按照设定路线或者自主选择路线到达目的地的关键技术。定位和导航是一对相互关联的概念，其中，导航的概念包含了定位的含义，而定位又是实现导航功能中最为关键的技术，它主要涉及以下两种技术。

1. 基于全球导航卫星系统(Global Navigation Satellite System，GNSS)的精确定位技术

世界三大卫星定位系统——美国 GPS 系统、俄罗斯 GLONASS 系统和我国的北斗系统是用于当前无人车辆定位的主要系统。卫星定位在受到各种干扰的情况下，定位精度会大打折扣，例如在有建筑或树木遮挡的城市道路环境、有较多桥梁甚至有隧洞的公路和铁路环境中，卫星定位精度会变得非常差，以致无法起到定位的作用。因此，仅靠卫星定位系统无法实现无人车辆精确定位的功能。为提高无人车辆的定位精度和环境适应能力，常采用多系统配合的方式，即综合使用 GPS、GLONASS 和北斗系统，以增加同时接收卫星的数量，从而提高定位的精度，或者采用卫星差分定位以提高精度。

2. 基于外部传感器的精确定位技术

目前，国内外开始关注另一个重要领域的研究，即采用外部传感器的方式(如激光雷达、机器视觉等)进行定位。相对于 GPS 容易受到正常道路周围高大建筑、树木枝叶、桥洞隧道等因素的影响，激光雷达和机器视觉可以在这些环境中更稳定地工作，因此，基于雷达和机器视觉开发精确定位系统具有更理性的环境适应性。同时，由于几乎所有无人车辆自身均已安装视觉和雷达系统，并已获取原始数据，因此，基于这些数据开发精确定位系统，可实现数据重用，也降低了无人车辆的开发成本。

(三) 路径规划技术

无人配送车辆的核心任务是将货物配送到用户手中，需要在有障碍物的实际行

车环境中寻找出一条从起点到终点的路径，使无人车辆在运动过程中能无碰撞地绕过所有障碍物到达目的地，尤其是为了提高配送效率，无人配送车辆需要结合无人车自身的货舱容量，寻找以最短路径原则或最短耗时原则进行多点配送的路径，其实质就是无人车辆运动过程中的路径规划技术。路径规划技术大致可分为两类：一种是基于环境建模进行规划；另一种是将无人车辆路径规划视为一个优化问题，并利用典型的智能优化算法进行求解。前者根据环境建模方法的不同，主要分为栅格法、人工势场法以及可视图法，主要用于微观实时路径规划；后者除用以上方法之外，还会采用模拟自然界智能行为的启发式算法，如遗传算法、蚁群算法、模拟退火算法和粒子群算法等，主要用于宏观路径规划。

根据无人车辆已知环境信息的范围，无人车辆路径规划包含全局路径规划和局部路径规划两种类型。全局路径规划是指无人车辆已知从当前时刻直至到达终点之间所有的环境信息，或所有可行道路的信息，从所有可行路线中选择一条最合适的。全局路径规划是一种离线规划，不考虑行车时的实行问题。局部路径规划是指无人车辆按照规划路线行驶的过程中根据不断变化的、动态的交通环境，进一步重新规划路线，并在原有规划路径的基础上进行一定程度的调整，生成新的规划路径方案。

(四) 大数据深度学习技术

高精度地图数据是无人车导航运行的数据基础，只有详细而全面的高精度数据才能为无人车行驶提供可靠的行动指引。同时，无人车运行本身也是对数据的感知行为，借助车身的各种传感器，无人车能够对实际道路情况有实时的感知，并且随着无人车运营数量达到规模化，数据感知的范围能够覆盖更多的区域和场景，从而实现对数据的实时感知更新。这种借助海量行驶感知数据的数据更新模式是目前无人驾驶领域实现地图更新的主要技术方式。

除了地图数据更新之外，海量行驶感知下的大数据能够给无人车带来以往调度模式无法实现的技术创新。在运营中的无人车辆能够通过摄像头等传感器对周边人流量、车流量以及交通状况进行数据感知，实现神经感知网络，从而对车辆的导航起到引导作用，例如能够提前感知拥堵路段并规划出躲避拥堵的导航路径。

在无人车辆调度资源优化方面，基于车辆大数据的分析系统同样能够起到辅助决策的作用。由于无人车辆的行动需要以配送需求信息为基础，因此，对海量历史需求信息的大数据进行分析，能够给无人车的调度和监控人员提供合理的资源分配方案，例如，对于订单密集的区域，需要提前部署更多的无人车辆以确保配送效率。

三、无人船(艇)平台技术

无人船(艇)平台关键技术主要包括无人船(艇)型技术、自主规划与控制技术、布放回收技术等，这些技术都有待进一步提高。

（一）无人船（艇）型技术

船（艇）型技术是提升无人船（艇）快速性和稳定性的关键技术。国外海军装备的无人船（艇）主要采用了半潜式、常规滑行、半滑行、水翼等船（艇）型，但在研型号多采用常规滑行和半滑行两种船（艇）型。其他船（艇）体类型主要包括纯排水型、小水线面双体船、穿浪型和多体船（艇）型等，这些船（艇）型适合特定需求，通用性较差。美国正在研制的“反潜战持续跟踪无人水面艇”采用了三体船型，以实现对该艇预期航速和作战任务需求。

（二）自主规划与控制技术

自主规划与控制技术是无人船（艇）的核心技术。通过该技术可使无人船（艇）在海上长期、独立地执行远程航行、探测、评估、危险规避和信息收集等任务，也可使多个无人船（艇）进行协同作业，提高效能。就当前的技术水平而言，无人船（艇）的编程任务尚无法适应外界环境的动态变化。未来该技术方面面临的挑战是发展具备自适应能力的无人船（艇），以及多无人船（艇）之间协同作业。

（三）布放回收技术

布放回收技术是无人船（艇）能否成功运行的关键。当前使用的无人船（艇）大多是以搭载在大型舰艇上的刚性充气艇为基础发展而来，对其的布放与回收利用了母舰上现成的吊艇架或坡道来进行。该方法适用于低航速、低海况情形，需要人力参与（如操纵起重机、挂接无人艇等），效率低、危险性大。无人船（艇）布放回收技术面临的挑战包括布放回收作业的安全和可操作性，系统的通用、自主与可移植性，无人船（艇）与母平台接口间潜在的冲突等。无人船（艇）布放回收技术主要关注滑道技术、遥控布放和自动回收技术。研究表明，滑道技术在高海况下具有较高的可靠性和安全性。此外，滑道技术还可以减少布放回收过程中的能耗和时间成本。遥控布放技术是无人船（艇）布放回收的主要方式。研究表明，基于无线通信的遥控布放技术可以实现远程控制和自动化操作，而基于卫星导航的遥控布放技术能够提高布放精度和可靠性。自动回收技术是无人船（艇）布放回收的重要技术。基于惯性导航和视觉定位的自动回收技术可以提高回收精度和效率，而基于深度学习的自动回收技术也在不断发展，能够适应更加复杂的海洋环境。

目前，美国在无人水面船（艇）的布放回收技术开发方面水平最高，发展最快。美海军已开发了用于布放回收的助力拖曳吊舱，以及自动导引钩锚系统。美国物理科学公司开发出新型布放回收系统，可使“斯巴达侦察兵”无人水面艇在母舰速度 15

～20节航行时实现布放回收操作。另外，密歇根州航空公司开发出近海战斗舰充气式布放回收系统，可实现高海况、高航速下对无人水面艇的布放回收。

四、无人平台集成技术

无人平台集成技术包括平台本体技术、体系框架技术、通信组网技术、跨域协同技术和人机共融技术等，其中最为重要的是通信组网、跨域协同和人机共融技术。

（一）通信组网技术

通信组网是使无人集成系统内部节点间以及系统与外部控制台间能够实现信息交互、操作控制、执行任务的关键技术。根据任务或应用场景的不同，无人集成系统对通信网络的稳定性、可靠性、安全性等性能提出了不同层级的要求，以保证各无人平台能够在复杂环境和高动态条件下进行大批量高频次的要素级融合和协同，这需要通信网络具备大容量、低时延、高可靠、全域覆盖、动态自适应等能力，其关键技术可从大容量高可靠传输技术、高效动态自组网技术等两个方面描述。

大容量高可靠传输技术利用不同信道的传输能力构成一个大容量的传输系统，使信息在无人系统集成中得以可靠传输，是集成系统快速进行信息交互的关键，是协同完成给定任务的保障，通常根据传输媒介使用有线通信与无线通信两大类技术。

高动态自组网技术是由无人平台担当网络节点而组成的、有明确目标或任务驱动的、具有自治性网络拓扑的动态自组织网络系统，是集成高效信息交互、任务协同的基础。不同平台间根据任务需要相互传递的数据宏观上可分为任务数据与指控数据，与之对应的数据链路则可分为数据链路与控制/非有效载荷通信链路。数据链路实现跨域无人集成系统平台间感知、协同等数据的传输和分发；控制/非有效载荷通信链路实现跨域无人系统集成平台间控制、指令等数据的传输和分发。

（二）跨域协同技术

跨域协同是指为完成同一任务，综合运用陆、海、空、天各域空间，相互配合、效能互补，从而形成整体优势，获取任务所需的空间行动自由。异构无人系统的个体类型多，可以形成更强的多维空间信息感知能力，能够面向任务自适应组网、集群化作业，使协同任务得以快速可靠响应，实现整体效能的增值。跨域协同关键技术主要包括协同控制架构设计、跨域无人系统任务分配和跨域无人系统协作定位等。

协同控制架构设计作为跨域异构无人系统协同的共性问题，需要综合考虑现有的集中式控制架构、分布式控制架构、有限集中式控制架构等典型架构。在跨域协同过程中，对于不同种类无人平台之间的控制方案应依据实际的无人机、无人车、无人船（艇）及环境情况进行选择；综合考虑具有计算效率与负载均衡、整体性能优化、鲁棒性强等特性的跨域异构无人系统协同控制架构。

就跨域无人系统任务分配而言，面对强耦合、高动态、强对抗的复杂任务环境，传感器噪声、硬件损伤、通信干扰等因素都会对跨域异构无人系统的性能和效能造成影响，需要精确的高层次任务划分和健全的协调机制迅速来对异构跨域无人系统分配任务。可采用分层任务表示法对子任务和整体任务进行关联，并在广义局部、全局规划的启发下采用有效的调度和协调机制。如何在限制条件下快速得出最优的任务分配方案，如何根据不确定性推理、智能学习等手段使跨域无人系统具备不确定条件和突发情况下的鲁棒性是一个具有挑战性的科学问题。

就跨域无人系统协作定位而言，执行任务需要对跨域无人系统进行精确定位，应快速建立地图，以实现对无人系统导航的指导。跨域无人系统应在任务前和任务过程中对自身的位置进行感知，通过信息交互获取其他个体的方位、速度等信息。为实现无人系统的协同自主定位，无人系统首先对目标区域进行地图绘制以实现自定位，然后，将简化的方位信息传输给其他无人系统从而进行协作，有效克服不同域之间的信息差异，实现跨域无人系统协作定位。

（三）人机共融技术

人机共融是指利用人类智能的符号化、学习、预见、自我调节以及逻辑推理能力与机器智能的精准、力量、重复能力、环境耐受力的差异性和互补性，在同一自然空间里自然交互、紧密协调，在保证安全的前提下，通过不同粒度智能的深度交融、共同演进，实现人类和无人系统机器智能的共融共生，完成复杂的环境感知、计算和决策任务。

人机共融技术让无人群智机器逐渐具备类似人类感知能力、学习能力、适应能力以及决策能力等，结合人类大脑逻辑思维和应变能力，充分发挥机器快速、精准等机械性能，形成机器与人的优势互补。该技术主要包括建模、场景感知和意图推理、智能融合的机理机制、多通道的人机交互技术和临界交互方式以及人机共融计算、共融拓扑结构体系等技术。

五、无人平台集成法规标准

无人平台集成涉及多个领域，包括无人机、无人驾驶汽车、无人船（艇）等。这些平台的集成需要遵循一系列法规和标准，以确保其安全、可靠和高效运行。目前，针对无人系统集成还没有形成统一的技术体系，不同标准化组织制定了各自的技术标准。

北大西洋公约组织(NATO)定义了无人平台集群系统控制站的统一协议,以利于平台之间的互操作;国际自动机工程师学会(SAE)制定了无人系统架构方面的相关标准,如 SAE AIR5665B—2013《无人系统架构框架》定义了概念视图、能力视图和互操作视图, SAE AS 6512A—2020《无人系统控制模块架构》对无人系统控制模块架构系列标准做了描述,SAE 还制定发布了一套无人系统联合架构(JAUS)标准,用来支持异构系统的互操作性,包括 AS5669《JAUS/SDP 传输规范》、AS5684《JAUS 服务接口定义语言》以及服务集标准 AS5710、AS6009 等;欧洲民用航空设备组织(EUROCAE)定义了包括机载设备、复杂空中交通管理(ATM)、通信、导航和监视系统(CNS)等。

国内由工业和信息化部联合国家标准委、科技部、公安部、农业部、国家体育总局、国家能源局、中国民用航空局等部门发布,遵照统筹规划、引领发展,多方参与、协同发展,需求牵引、急用先行,军民融合、开放合作的原则,确立了无人驾驶航空器系统标准体系建设发展路径。全国信息技术标准化技术委员会及身份识别安全设备分技术委员会(SAC/TC 28/SC 17)于 2018 年 4 月成立无人机执照与无人机识别模组工作组(WG 12),负责无人机标准化工作,在研项目包括国家标准《民用无人机唯一产品识别码》和《民用无人机身份识别总体要求》。全国信息技术标准化技术委员会物联网分技术委员会(SAC/TC 281SC 41)成立了无人集群研究组(SG 6),负责开展无人集群标准化需求分析和顶层设计,并开展国内、国际相关标准预研工作。无人驾驶航空器系统分技术委员会(SAC/TC 435/SC 1)负责民用无人驾驶航空器系统(不含飞行机器人)设计、制造、交付、运行、维护、管理等方面的标准化工作。

从国内外标准化情况可以看出,目前的标准化工作仍聚焦于单节点技术标准方面,在节点间及全系统支撑类技术标准方面还没有开展实质性标准化工作。我国在无人集群系统设计、研发和验证等方面均开展了相关工作,在系统架构和关键技术方面已有一定的技术积累,开展集成体系框架设计、集成基础标准、集成评估标准、集成技术标准和集成应用标准等标准化工作有利于将技术成果化,规范无人系统集成的发展。

第二章　无人配送系统集成模式分析

无人系统集成模式就是无人系统集成对象相互关联的方式，如无人系统集群、无人系统与有人系统协同等。对于无人配送任务，依据配送任务需求、配送环境条件和无人装备的战技术性能等，考虑陆域、空域和海域无人装备和载人装备的不同，根据无人和有人装备的可集成性和集成应用性，分析无人配送系统集群及跨域无人配送系统集成模式，并研究相关集成应用场景和模式特点，对于开展无人配送系统集成实践应用具有重要支撑作用。

第一节　无人配送系统集成模式

本节将以无人系统集成模式内涵为切入点，介绍无人系统集成模式发展，在此基础上分析配送领域内的无人机、无人车和无人船（艇）等无人装备的同构系统集成模式和异构系统集成模式。

一、无人系统集成模式的概念

（一）模式与集成模式

所谓模式（Pattern），是对客观事物内外部机制直观而简洁的描述，是对有关解决具体问题经验的总结。模式其实就是解决某一类问题的方法论；把解决某类问题的方法总结归纳到理论高度就是模式。对于集成模式，不同学者给出了各自的理解。黄杰认为集成模式“是指在集成过程中，集成主体以及集成对象之间相互联系和作用的方式……也反映了集成体实现并发挥其倍增或涌现功能的方式与途径”；海峰认为“集成模式是指集成单元之间相互联系的方式。它既反映集成单元之间物质、信息交换关系，也反映集成单元之间能量互换关系……任何一种集成模式都是行为方式和组织形式的结合”；孙淑生等认为集成模式“也称集成类型”。

(二) 无人系统集成模式

尽管各学者对集成模式定义的概念略有不同，但从以上概念界定基本可以将集成模式概括理解为：集成模式实际上是反映集成过程中集成对象之间相互关联的方式。无人系统集成模式就是无人系统集成对象相互关联的方式。由于无人系统集成对象多种多样，各个对象相互关联的方式也不尽相同。从不同的角度进行分析，无人系统集成模式可以划分为不同类别，按照集成对象的类别来分，无人系统集成可被划分为同构系统集成和异构系统集成。同构无人配送系统的集成是指无人车、无人机器人等地面无人系统、无人潜航器、无人船(艇)等水面无人配送系统和无人机等空中无人系统的同类别集成。异构无人系统集成是地面无人系统、水面无人系统、空中无人系统三个单元系统之间通过需求牵引，结合无人系统应用场景集成的大系统集成，如无人异构系统协同和无人系统与有人系统整合等。

二、无人系统集成模式的发展

(一) 空中无人系统集群

美国以国防部高级研究计划局(DARPA)、国防部战略能力办公室(SCO)、海军研究实验室(NRL)为主的研究机构领导了进攻性蜂群使能战术(OFFSET)项目、低成本无人机蜂群技术(LOCUST)项目等一系列无人机集群系统研发项目，重点突破无人机集群系统关键技术。

2015 年 2 月，低成本无人机蜂群技术(LOCUST)项目启动，同年 3 月，美海军研究署测试了无人机发射器，成功发射 9 架“郊狼”无人机并进行了自主编队协同飞行。2016 年 6 月 20—24 日，美海军研究署在亚利桑那州尤马试验场完成了一系列 LOCUST 项目陆上试验，30 架“郊狼”无人机在 40 秒内被依次发射，美海军同时开展了一系列集群编队和机动试验。2016 年 8 月初，LOCUST 项目在墨西哥湾一艘舰船上成功发射了 30 架无人机。

在空中无人系统集群方面，我国也开展了相关研究。在 2016 年于珠海国际航展中心举办的第十一届中国国际航空航天博览会中，中国电子科技集团公司展示了中国首个固定翼无人机集群飞行试验，该试验以 67 架飞机的数量改写了此前由美国海军保持的世界纪录，预示着中国在这一领域已取得突破性进展，进入无人系统技术全球“第一梯队”。

2017 年，中国电子科技集团公司成功完成 119 架固定翼无人机集群飞行试验，

119架小型固定翼无人机成功演示了密集弹射起飞、空中集结、多目标分组、编队合围、集群行动等动作，标志着智能无人集群领域的又一突破，奠定了我国在该领域的领先地位。

同年，我国某大学组织进行了固定翼和多旋翼两种无人机混合编队飞行试验，编队由2架固定翼无人机和20架多旋翼无人机组成，在空中完成了多种队形变换和科研任务。该试验实现了对两种构型的无人机混合编队规划与控制，初步实现"母机带子机"。

(二) 水面无人系统集群

由于无人水面船(艇)不易被探测，在水文气象条件复杂、生化辐射等高危环境下，由其执行火力打击、水下破障、抵近侦察巡逻、装备物资运输及应急救援等任务具有生存能力更强、不会造成人员伤亡的优势。因此，美海军计划采用无人水面艇集群代替载人舰艇，执行侦察、护航、小艇拦截、反潜探测等复杂任务。

美国国防部战略能力办公室与海军研究局联合开展"海上集群"项目，核心是开发无人水面艇集群技术，验证无人水面艇开展不同任务时的协同特性。2014年8月，美国海军使用13艘无人水面艇(其中5艘为自动控制、8艘为遥控控制方式)，利用舰载传感器网络，成功由护航模式转变为敌船拦截模式，验证了无人水面艇的自主任务能力。根据美国国防部计划，2016年该项目转入样机试验阶段，完成一艘无人水面艇在开放水域的远航程自主航行，验证软硬件的可靠性，同时试验5艘无人水面艇集群子系统，包括传感器、导航、通信和自主系统等。

2016年10月，美国海军研究局再次开展无人水面艇集群试验，在16平方海里海域内，4艘无人水面艇成功集群实现自主目标探测与识别、跟踪、巡逻，整个控制回路无须人工参与，首次真正实现了集群作战。试验中，4艘无人水面艇通过艇载探测设备获取环境目标信息，进行目标识别，采用中心协同机制，进行艇间信息交换和数据融合，根据通用战场态势图、任务要求和本艇状态等要素生成作战指令，指挥艇群完成港口防御任务。

在我国，云洲智能公司实现了81艘海上无人艇协同表演；哈尔滨工程大学研制了"XL"号和"海豚"系列等无人艇样机，在海上完成了7艘无人艇的协同编队试验；华中科技大学研发了HUSTER全自主无人艇，完成了5艘无人艇的十字和环形编队队形湖上试验；大连海事大学研制了一套多无人艇集群协同控制系统，开展了协同路径跟踪、协同目标跟踪、协同目标包围等协同控制试验，实现了7艘无人艇的"一字""人字""环形"等多种动态编队队形。

有专家指出，当面临瞬息万变的战场和复杂水域环境，以及越来越精密化、多样化的任务时，单一无人艇将难以担负重任，集成多艘无人艇构建无人艇集群系统，将具备更广的作战范围、更高的作战效率、更强的控制力及灵活性。对无人艇集群系统的运用将在未来高科技战争中发挥出更大的作战效能。

（三）多无人系统协同

随着地面、水面无人系统的发展和多域作战、全域作战等概念的提出，无人机、无人车、无人船（艇）等异构无人协同应用技术逐步得到重视和发展。

美国国防部高级研究计划局（DARPA）战术技术办公室于 2017 年 2 月发布 OFFSET 项目跨部公告，为城市作战的步兵种开发至少 100 种集群战术，并采用由上百个无人机、无人地面车辆构成的集群验证新战术，重点促进集群自主、人机编队两大领域的技术走向成熟。2020 年，国防部高级研究计划局（DARPA）公布了 OFFSET 项目的最新进展，在第三次现场试验中部署无人机集群和地面无人车集群测试城市突袭作战。OFFSET 项目预期在典型的城市地形条件下实现最多 250 架次规模的自主无人系统集群进行协同作战。

在无人系统协同作战方面，通过演习进行作战概念验证，跨域通信和指控能力不断取得突破。洛克希德 · 马丁公司实现了无人水面艇、无人潜航器、无人机之间的跨域协同通信。演习中，无人水面艇作为通信中继通过水声通信系统将地面控制站发出的指令发送给“枪鱼”无人潜航器，“枪鱼”按照指令从背部发射装有“矢量鹰”固定翼微型无人机的发射筒，发射筒浮至水面后打开发射，无人机升空，按照预定飞行路线执行任务；其后，无人水面艇、“枪鱼”无人潜航器、“矢量鹰”固定翼微型无人机同时与地面控制站通信并接受地面控制站发出的行动指令。

2017 年 8 月，诺斯罗普 · 格鲁曼公司利用先进任务与管理与控制系统（AMMCS）同时控制 1 艘“普罗特斯”大型无人潜航器、1 艘 REMUS 100 无人潜航器、1 艘 Iver 无人潜航器、2 艘“激流”无人潜航器、2 艘“波浪滑翔者”无人水面艇和 1 架无人机共 8 型无人系统，成功定位并模拟击中水下目标，验证了无人系统的跨域协同指控能力。

英国主要由国防科技实验室支持公司开展跨域异构无人系统作战概念方面的发展和验证工作，开发了“自主控制、开发和认知”（ACER）系统以支持多个异构无人系统跨域协同作业。2016 年 10 月，在英国“无人战士”演习中，25 种无人系统被集成到 ACER 系统中，实现了单系统对多部无人机、无人水面艇和无人潜航器的指挥控制，目前，奎奈蒂克公司正基于演习数据对该系统进行优化。

2017 年 5 月，法国海军集团公司成功实现 3 种无人系统的协同指控作战演示。在演示中，法国海军集团公司指控小型旋翼无人机、无人水面艇和无人潜航器协同作战，任务系统对各无人系统传感器传回的实时数据进行分析并确定可疑目标，同时生成作战战术并预测行动结果，各无人系统根据任务系统生成的指令协同行动，成功探测、识别和拦截了可疑小艇。

我国从2014年开始每两年举办一届“跨越险阻”无人系统挑战赛，在“跨越险阻2018”挑战赛中，首次设置了空地无人协同比赛，多架无人平台组成小规模集群，执行协同封控任务，无人机全区域搜索目标，引导地面无人平台机动，地面无人车靠近目标并侦察，空地协同对敌目标实施打击、告警等行动。

(四) 无人系统与载人系统协同

美国以国防部高级研究计划局(DARPA)、国防部战略能力办公室(SCO)、海军研究实验室(NRL)为主的研究机构领导的“小精灵”(Gremlins)项目和“灰山鹑”(Perdix)智能无人项目都是无人系统与载人系统的有机集成，其中，“小精灵”项目由美国国防部高级研究计划局(DARPA)主导。该项目以大型有人飞机充当“空中航母”，在防御射程外发射小型无人机集群并进行回收。“小精灵”项目于2015年9月启动，截至2020年春完成全流程试验，具备在C-130上由一个操作员最多控制8架无人机以及在半小时内空中回收4架无人机的能力。智能无人项目由美国国防部战略能力办公室(SCO)实施，采用有人战机投放智能无人集群代替空射诱饵等，执行诱导欺骗、前出侦察等任务。该项目已完成由3架F/A-18战斗机空中投放103架“灰山鹑”无人机的演示验证。

美国海军已明确将在近海战斗舰上全面列装MQ-8“火力侦察兵”无人直升机，目前已验证了MQ-8与有人直升机协同执行态势感知、中继制导等任务的能力。2014年5月，诺斯罗普·格鲁曼公司与美国海军在“自由”号濒海战斗舰上成功完成MQ-8B与MH-60R直升机协同飞行试验，并验证了MQ-8B可有效提高MH-60R和濒海战斗舰的态势感知能力。2017年8月，在关岛的训练演习中，美国海军利用MQ-8B和MH-60S直升机协同为“科罗纳多”号濒海战斗舰发射的“鱼叉”导弹提供目标中继制导，成功击中超视距目标。

2015年11月，1架通用原子航空系统公司MQ-1C“灰鹰”无人机与1架波音公司AH-64“阿帕奇”武装直升机在韩国釜山空军基地成功完成有人/无人机编队飞行演示验证。在试验中，MQ-1C无人机成功将视频等数据通过“阿帕奇”直升机中继传送给地面指挥中心。

2018年4月，由奥地利西贝尔公司研制的“坎姆考普特”S-100无人直升机与空客公司研制的H145有人直升机成功完成一系列“有人/无人编队”飞行试验，有人直升机载员成功实现发射/回收、指挥控制无人直升机，并可操控无人直升机传感器。

三、无人配送系统集成模式与分类

无人配送系统集成是以无人配送需求为牵引，聚焦配送能力的快速生成和高效运用，以“能力”为纽带，以无人配送装备为基础，通过系统设计和统筹优化综合而成。无人配送系统集成模式是对多个无人系统或者无人系统与有人系统之间行为方式和组合形式的描述。考虑陆域、空域和海域无人装备和有人装备的不同，根据无人系统的可集成性和集成应用性，本书将无人配送系统集成模式划分为无人配送系统集群、跨域无人配送系统协同两大类，第一类属于同构系统集成，第二类属于异构系统集成，包括有人/无人配送系统协同，每类又可分为不同形式，具体集成模式结构如图 3－1 所示。

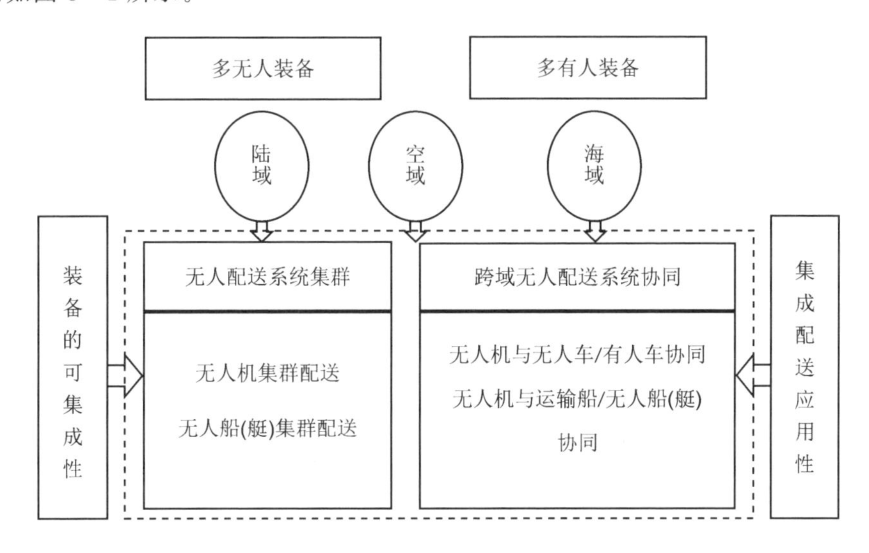

图 3－1　无人配送系统集成模式结构

（一）无人配送系统集群

无人配送系统集群是同构无人配送系统的集成，从无人系统的装备运用角度来讲，是指无人车、无人机器人等地面无人系统，无人潜航器、无人船（艇）等水面无人配送系统和无人机等空中无人系统的同类别集成；而同类别的无人配送系统集成也是其装备、技术、组织、信息、网络的有机联系。无人配送系统集群要依赖装备集成来支撑，同时也要依靠信息和网络集成以付诸实现。从目前的应用角度来看，无人配送系统集群主要表现为无人机集群配送和无人船（艇）集群配送等。

（二）跨域无人配送系统协同

跨域无人配送系统协同也称异构无人配送系统集成，是地面无人配送系统、水面无人配送系统以及空中无人配送系统之间通过无人配送需求牵引，结合无人配送系统应用场景而构成的综合集成，如无人异构系统协同和无人系统与有人系统整合等。跨域无人配送系统集成体现在宏观战略、信息网络、组织机构、保障资源等方面的集成整合，处于无人配送系统集成的最高层次。

第二节　无人配送系统集群模式

按照无人配送装备类型的不同，无人配送系统集群可以划分为无人机集群配送、无人车集群配送和无人船（艇）集群配送。从目前应用角度来看，无人配送系统集群主要表现为无人机集群配送和无人船（艇）集群配送。

一、无人机集群

（一）无人机集群类型

无人机集群具有可探测性低、突防能力强、个体数量多、规模优势大、作战运用灵活、体系效能高、载荷类型多、功能覆盖广、生产成本低和补充能力强等特点，在作战领域应用极为广泛。按照无人机数量规模、功能结构和协同方式三个维度，无人机集群可以分为不同类型，如图 3－2 所示。

从数量规模角度分析，无人机集群分为蜂群、分散型集群和混合型集群。蜂群是由大量的无人机组成的数量密集型集群，组成这种规模集群的无人机一般为小、微型无人机；分散型集群是由多架无人机组成的集群，其组成数量规模相对分散，组成这种规模集群的无人机一般为中、小型无人机；混合型集群由前两种类型集群组成更大规模的集群。

从功能结构角度分析，无人机集群包括功能一体型集群、单一功能型集群和异构功能型集群。功能一体型集群是指组成集群的无人机均为具备多种功能的一体式无人机，如侦察、打击一体化多用途无人机等；单一功能型集群是指组成集群的无人机均为同种功能的无人机，如侦察无人机集群、电子干扰无人机集群、火力打击无

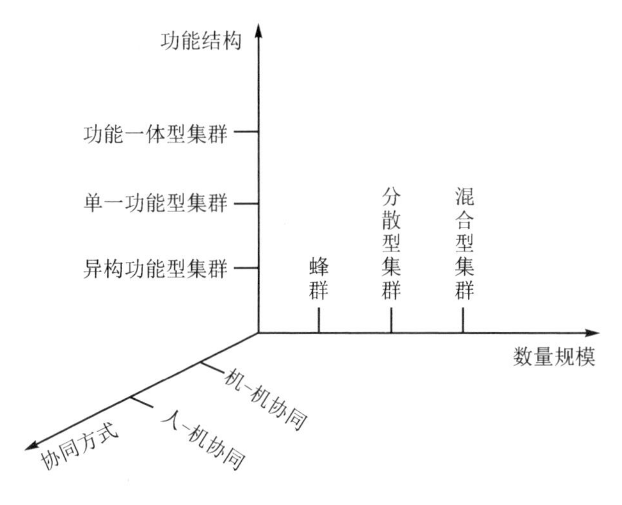

图 3-2 无人机集群分类

人机集群、诱饵无人机集群等;异构功能型集群是由多种不同功能的无人机组成的集群。

从协同方式角度分析,无人机集群包括机-机协同、人-机协同。机-机协同全部由无人机进行协同;人-机协同是由人机和无人机进行协同。

(二) 配送系统无人机集群模式

在后勤保障领域,经理论和实践证明,单个无人机,尤其是在无人机由于自身动力、功能和性能等方面的限制而无法单独完成配送任务的情况下,需要以集群方式来解决单个无人系统的局限性问题。通过多架无人机集群进行配送,可以突破单个无人机的配送能力限制,实现能力互补和行动协同,从整体上提升军用物资配送效能。

根据无人机集群类型的不同,结合实施配送这一具体功能,不难推测完成配送功能的无人机集群模式:从数量规模上来看,主要是分散性集群;从功能结构上来看,主要是单一功能型和异构功能型,其中,单一功能型主要担负配送功能,而异构功能型集群中的部分无人机担负侦察、电子干扰等作用;从协同方式上来看,主要是机-机协同和人-机协同,其中,机-机协同由无人机彼此之间协同完成配送功能,而人-机协同由载人运输机与无人机协同集群配送。

通过对不同类型的集群进行有机组合,可以构建不同的无人机配送集群模式。从应用的角度来讲,无人机集群的数量规模由配送具体任务量和配送时限要求决定,与应用场景无关。因此,从功能结构和协同方式两个维度出发,可形成 4 种无人机集群模式,如图 3-3 所示。

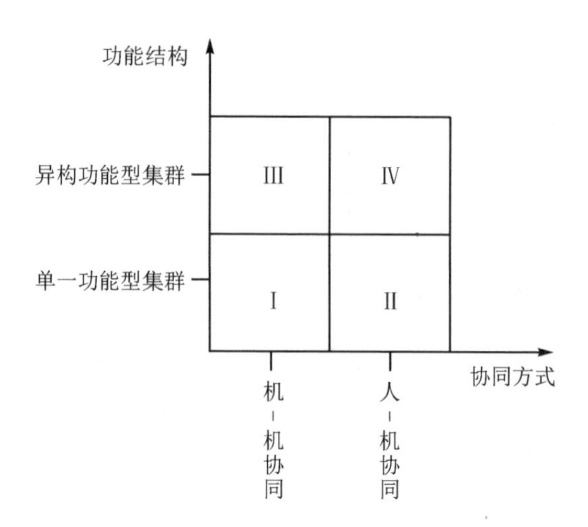

图 3-3 无人机集群配送模式

1. 单一功能、机-机协同集群模式

构成该集群模式的机型以中小型无人机为主，各个无人机均承担配送任务，并以无人机与无人机之间进行协同的方式展开配送作业。具体的协同表现包括：

① 在任务分配方面，一次保障行动可能涉及多个点位，需要为集群当中的无人机划分任务、规划路径，由不同的无人机负责不同的方向，同步实施配送。当一个保障方向上的需求物资呈现出一定差异时，例如重量、体积等不同，则由不同类型的无人机构成集群并明确各型无人机担负的具体任务。

② 在组织集群编队方面，单架无人机执行任务易受自身燃料、重量、机载传感器和通信设备等的限制，通过进行编队，有利于提高任务执行效率、提高配送的可靠性。

③ 在合力配送方面，对于单件体积较大或质量较大的物资可采用多架无人机共同挂载的方式运输。单一配送功能的无人机协同模式如图 3-4 所示。

(1) 应用场景

该集群模式适用于平时状态下，日常物资补给行动中配送中心距离部队需求点较近且各点位之间相对分散，物资呈现出小批量、多样化特点的情况；传统的保障方式(以车辆运输为主)因道路阻断无法完成末端配送或需求物资紧急程度高，传统运输因人员、气候、交通等条件难以满足时限要求的复杂配送场景。

(2) 模式特点

该模式无人机集群采用空中直线运输方式实施“点对点”的物资投送，无须迂回运输，配送速度快，时效性强；无人机集群可无视地面障碍、地形条件、交通设施等影响，实现跨越式的前送，末端可达，可靠性高；通过集成一定规模、可相互协调的中小型无人机发挥整体效能，灵活配置资源；可实现低成本配送。

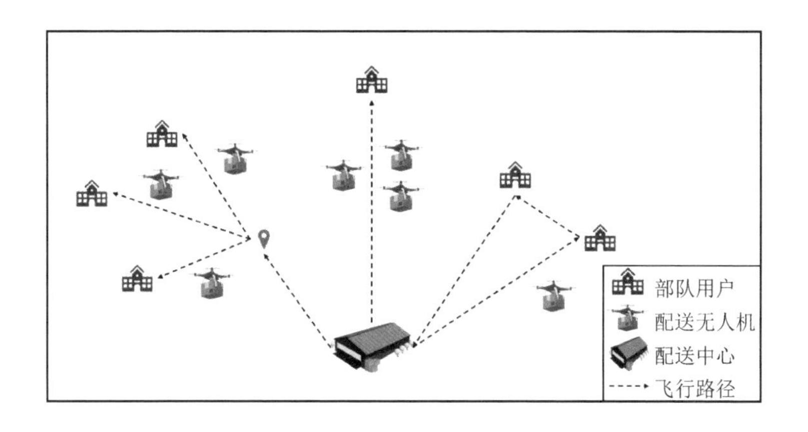

图 3-4 单一配送功能的无人机协同模式

2. 单一功能、人-机协同集群模式

该模式是由无人机承担配送功能,但是需要运输直升机与无人机协同完成配送任务。这一模式主要应用在平时配送点距离部队需求点相对较远,需求点在某一范围内相对分散,个别需求点物资需求较大的情况。受无人机航时和载重的限制,需要运输机搭载无人机进行集群配送,配送过程中无人机负责指定地域的小件物资配送;运输机借助其大载重、长航时的特性完成大件物资配送,同时为多个无人机补充能源,如图 3-5 所示。

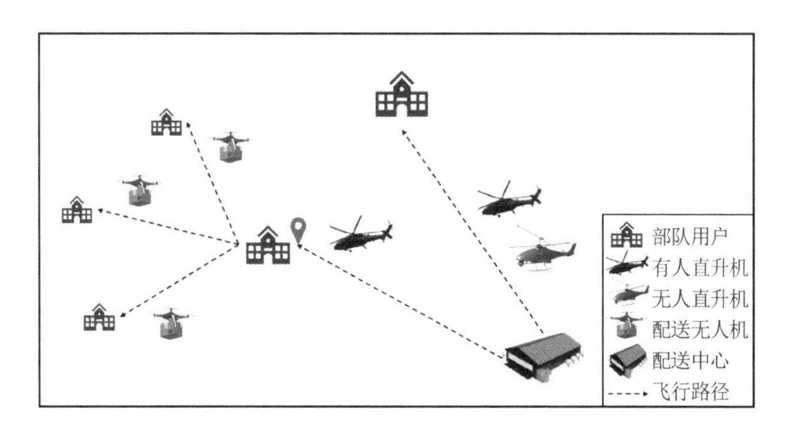

图 3-5 单一配送功能的无人机与有人机协同模式

在该模式中,无人机担负配送功能,和运输直升机协同完成物资保障任务。该模式结合任务实际,特别是物资的批量、重量、体积、种类等特点来集成不同的装备,形成更加具体的协同方式,如表 3-1 所列。

表 3-1 单一配送功能的无人机与有人机协同具体方式

协同方式	物资特点
有人直升机搭载若干小型配送无人机	物资需求量大小不一，小(散)件物资补给和个别点位大量物资补给结合
有人直升机与大型无人直升机编队	以大批量、大件物资配送为主，例如箱装弹药、维修器材、武器装备等

(1) 应用场景

有人机搭载无人机应用于平时配送距离较远，保障范围内各点位需求不一、个别点位需求较大的情况，由小型无人机负责指定地域的小(散)件物资配送，有人运输机利用其载荷大、续航能力强的特点负责大件物资配送，并可以搭载相关任务模块为小型无人机补充能源。

有人机与无人直升机编队应用于平时配送距离较远，保障范围内某点位需要补充大量物资或范围内各点位的需求均较大时，借助有人直升机和无人直升机大载重、长续航的特性对某点位进行重点补给或通过任务分配的方式同步对多个点位进行配送。

(2) 模式特点

该模式配送可靠性高，完全采用无人机执行配送任务，跨越障碍能力强，能够实现末端配送；配送速度快，空中点对点直线运输，不受地面、交通等状况影响；对有人机指挥控制能力要求高，涉及小型无人机发射/回收、无人直升机任务分配、编队飞行等技术。

3. 异构功能、机-机协同集群模式

在该模式中，无人机不仅承担配送功能，还担负其他功能，如承担侦察、预警、电子干扰等战斗任务，旨在提高无人机集群的防卫能力，规避、消除战场威胁，确保集群能够顺利完成任务。配送无人机与防卫无人机协同模式如图 3-6 所示。

(1) 应用场景

该模式适用于战时条件下存在敌情威胁时的近距离物资配送，例如对前沿一线分队、单兵实施物资配送，无人机集群从后方配送中心受领任务、编队出发后，在机动途中可能遭遇到渗透、穿插而来的小股敌特力量袭扰，或是敌方突防能力较强的小型无人机的拦截。此时，由担负防卫功能的无人机预先感知战场态势，侦察敌情威胁，实施打击或电子干扰，最大程度降低集群的损失，确保物资完好、按时送达指定地域。

(2) 模式特点

该模式具有一定的防卫能力，可在执行任务途中对敌情威胁做出处置，有利于

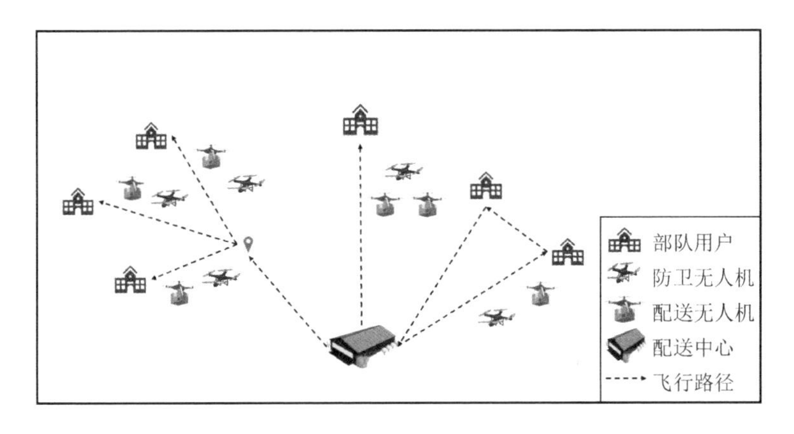

图 3-6 配送无人机与防卫无人机协同模式

化解风险，提高配送的安全性。

4. 异构功能、人-机协同集群模式

该模式是在单一功能、人-机协同配送模式基础上进行拓展，主要考虑战时配送环境条件，在集群当中编配一定数量的无人机负责侦察、火力打击和电子干扰等战斗任务，提升集群的抗敌威胁能力，保证配送任务完成。根据担负防卫功能的无人机类型的不同，可采用有人机搭载发射或与有人机全过程编队两种协同方式。增加具备防卫功能的无人机与有人机协同模式如图 3-7 所示。

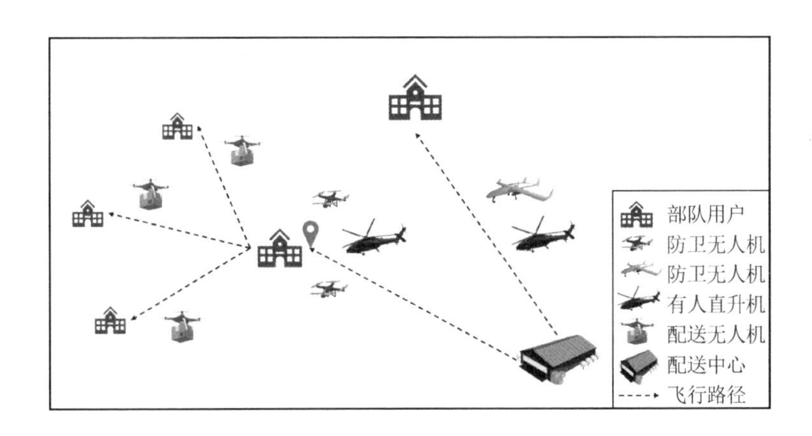

图 3-7 增加具备防卫功能的无人机与有人机协同模式

美军在该方面已开展试验论证，具体协同方式、装备、实现技术和实现功能如表 3-2 所列。

表 3-2 美军关于有人机与无人机战场环境下的协同

协同方式	有人机	无人机	实现技术	实现功能
有人机搭载发射无人机	UH-60“黑鹰”直升机	ALTIUS-600 小型无人机	空中发射管式综合无人系统	战场侦察和打击敌方目标
有人机与无人机全程编队	AH-64E“卫士阿帕奇”	大、中型察打一体无人机	有人/无人机编队-能力扩展	战场态势感知、目标攻击和定点回收

表 3-2 中有人机 UH-60“黑鹰”直升机如图 3-8 所示，AH-64E“卫士阿帕奇”与无人机编队场景如图 3-9 所示。

图 3-8 “黑鹰”直升机空中发射无人机

图 3-9 “卫士阿帕奇”与无人机编队

(1) 应用场景

该模式适用于战时受敌威胁较大、长距离配送的场景，担负防卫功能的无人机采取与配送无人机集群编队飞行或通过有人机发射的方式，在抵近危险地域时分布于配送编队周围进行侦察观测，及时传递战场态势感知信息，以便提前准备应对威胁。当需要对敌方威胁目标进行攻击时，防卫无人机须迅速前出，在配送编队进入敌方目标射程前实施有效打击，进而消除威胁，保存己方配送力量。

(2) 模式特点

该模式与异构功能的无人机与无人机协同模式类似，增强了无人配送系统编队长距离远程配送物资的防御性能，提升了战场生存能力，进一步保证了配送的可靠性。

二、无人船(艇)集群

(一) 配送无人船(艇)集群

水面无人船(艇)作为一种无人海洋智能运载平台，具有自主规划和自主航行能力，在反潜、情报监视与侦察、海洋环境监测和气象预测等领域应用极为广泛；但是，水面无人船(艇)作为配送装备开展海上物资配送的应用较少，而水面无人船(艇)集群配送更是鲜有应用和试点。

我国拥有300万平方公里的海域，边防海岛远离大陆、位置分散、物资匮乏、气候多变，条件恶劣，常规补给舰携带补给艇或采用拖船方式进行物资配送风险较大，采用水面无人船(艇)集群配送具有较大的应用价值。

水面无人船(艇)集群抵抗风浪能力强，安全性和稳定性更好，通过该方式进行配送，对岛礁靠泊能力和靠泊起降条件要求小，并且可以根据部队需求点位置和需求数量灵活编组无人船(艇)数量并科学规划配送路线，配送更为灵活，成本更低。

(二) 配送无人船(艇)集群类型

无人船(艇)集群与无人机集群模式类似，可以从功能结构和协同方式上着眼分析，构建不同的集成模式；但考虑到无人船(艇)主要应用在海上，其面临的环境风险较大，单一执行配送功能的无人船(艇)难以适应海上的复杂环境，一般都是由功能一体型集群进行配送。配送无人船(艇)集群模式主要体现为两大类，即功能一体的船-船协同和功能一体的人-船协同模式，也可将两种模式称为无人船(艇)船-船协同保障、无人船(艇)人-船协同保障。

1. 功能一体的船-船协同集群保障

在该模式中，无人船(艇)集探测、侦察和配送功能于一体，无人船(艇)之间根据任务进行协同。该模式主要应用于由陆到近岸多海岛或由岛到多岛礁的物资配送，最直接的特点是无论是由陆到近岸多海岛还是由岛到多岛礁，其配送距离相对较近，无人船(艇)的载重和航行里程能够达到要求，如图3-10所示。

2. 功能一体的人-船协同模式

在该模式中，无人船(艇)同样集探测、侦察和配送功能于一体，无人船(艇)之间根据任务进行协同。该模式多应用于配送量较大且配送距离较远的情况。由于无人船(艇)的载重和航行里程受到限制，需要运输船搭载无人艇进行集群配送。运输船搭载无人船(艇)航行到指定海域后，根据配送任务需求，从运输船上布放无人船(艇)进行集群配送。这一模式的优势在于大载重的运输船不必航行于各个部队需求点之间，在一定程度上节省了时间，也节约了经济成本，如图3-11所示。

从以上关于配送无人船(舰)集群模式的分析可以看出，无人船(艇)集群不仅仅是几艘无人船(艇)的简单叠加，而是将它们有机结合、协同运作以实现配送保障目的。由于无人船(艇)集群具有更广阔的作业范围、更好的作业效率、更强的鲁棒性和灵活性等优点，未来其应用模式必将得到进一步拓展。

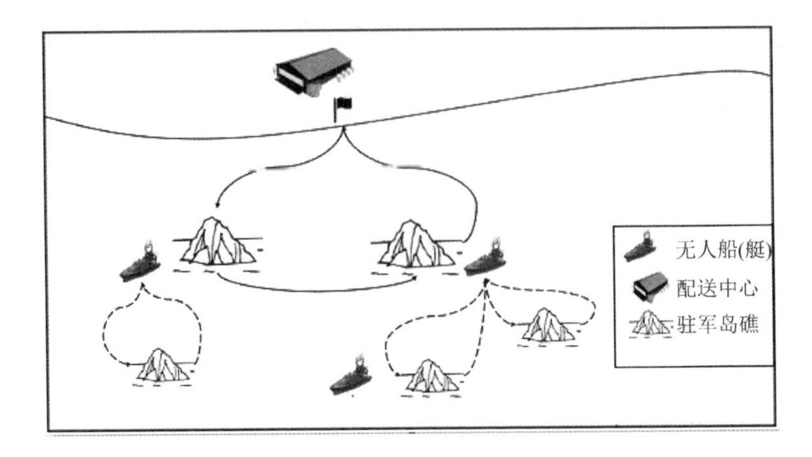

图 3-10　无人船(艇)船-船协同保障

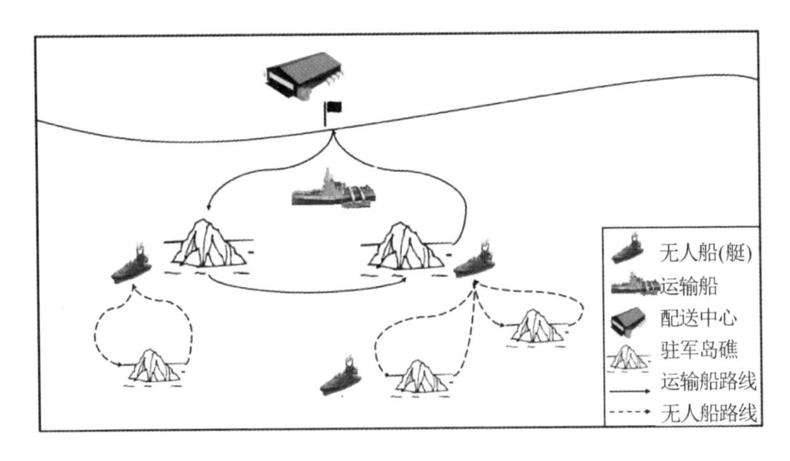

图 3-11　无人船(艇)人-船协同保障

第三节　跨域无人配送系统集成模式

从目前应用情况的角度看,跨域无人配送系统集成模式主要表现为无人机与无人车/有人车协同配送,以及无人机与运输船/无人船(艇)协同配送等。

一、无人机与无人车/有人车协同配送

在该模式中,无人机平台与无人车平台或有人车共同参与配送任务,根据二者

在配送过程中履行职责的不同可以进一步划分为无人机与车辆共同配送、车辆搭载无人机配送、无人机补给车辆配送等类型。该模式中各装备的功能关系如表 3－3 所列。

表 3－3　机-车集成模式功能关系表

模　式	各装备的功能	
	无人机系统	无人车系统
无人机-车共同配送	负责车辆无法直达区域或小件、散件物资配送	负责重量大、总量多等大宗物资配送
车辆搭载无人机	承担全部物资配送任务	作为无人机的“移动仓库”和“基站”提供储存、充电服务
无人机补给车辆	往返于车辆与配送中心，为车辆“补货”	承担全部物资配送任务

（一）无人机与车辆同步配送

在该模式中，无人机和车辆都承担相应的物资配送任务，由车辆搭载无人机，车辆依托路网负责大宗货物运输，无人机负责零散小件物资配送，车辆为无人机提供后勤物资和动力补给，延长无人机作业半径和续航时间，无人机在完成对某个需求点位的配送后返回车辆重新领取物资或进行充电，而后进行向下一点位的运输行动，如图 3－12 所示。

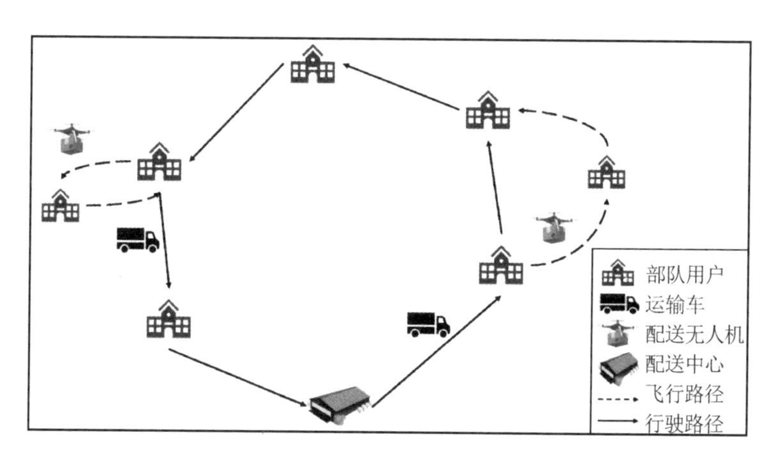

图 3－12　无人机与车辆同步配送

1. 应用场景

该模式适用于保障区域内部队用户点位分散，且物资需求大小、类型不一的场景。例如向我国驻高原高寒地区部队的末端进行配送，需求量较大的点位其基础设施、交通条件相对较好,使用传统运输车能够基本完成保障任务,而向个别“小、散、远”的边防驻兵点或道路交通易受阻地区的部队配送物资,其物资需求较小且难以直达,采用运输车保障效率低下、成本较高。因此,由车辆搭载若干架配送无人机对符合上述条件的部队用户实施配送能够提高效率,实现末端直达。

该模式在面对战时、急时的保障任务中可以发挥即时配送的优势,结合我国边境地区斗争形势对后勤物资补给快捷、即时、直达的要求,利用无人车的储存优势,将其作为无人机的“移动仓库”,当边防分队在执行任务途中出现突发性、急需性物资需求时,例如急需血浆、血清等,由最近的无人机-车集成系统派遣无人机首先对目标点位进行快速应急保障,而后车辆及时跟进,提供更充足的物资供应,支援边防任务得以完成。

2. 模式特点

该模式适应性更强,车辆依托路网对大型的需求点位实施补给,无人机采用空中直线跨越补给方式对部分偏远、需求量小的点位进行保障,可涵盖多种点位;配送安全性更高,个别点位的通路状况极差、险情频发,可由无人机进行配送,降低危险系数;更加经济高效,对需求量小且位置偏远、迂回距离长的点位若由运输车配送物资会提高成本、降低整体效率,运用无人机对上述点位进行保障则可以实现节约时间、节约资源,发挥车辆载荷量大和无人机跨障碍能力强的综合优势。

(二) 车辆搭载无人机配送

在该模式中,无人机完全负责执行配送任务,车辆作为辅助装备不参与配送,仅搭载无人机并为其补充物资和供应电源,如图 3 - 13 所示。配送中心在收到部队用户提报的需求后,将需求点位按照无人机航行半径覆盖范围划分为几个区域,同时在每个区域设置一个车辆派遣/接驳无人机位置点,车辆行驶在各个点之间将所有保障区域串联,从而完成向整个保障范围内的部队配送其所需求的物资。在无人机进行配送的过程中,车辆可以选择在原地等待或提前前往下一个接驳点,后者的前提是无人机续航里程能够满足其在完成本区域配送任务后前往下一区域的派遣/接驳点。

1. 应用场景

该模式主要适用于车辆无法直达需求部队的场景,例如,因道路交通条件差、气候环境恶劣导致通行阻断或需求点位分散迂回距离过长、物资需求量较小的场景。又例如,对边境地区边防连点进行物资补给,由于通达道路等级低、建设简易,如遇自然灾害影响或人为破坏,车辆将无法通行;通过车辆支持无人机的集成模式,可以发挥无人机无视障碍、适应各类天候、快速精确直达的运输优势,为我国边境一线点位提供全时全域持续运输保障。

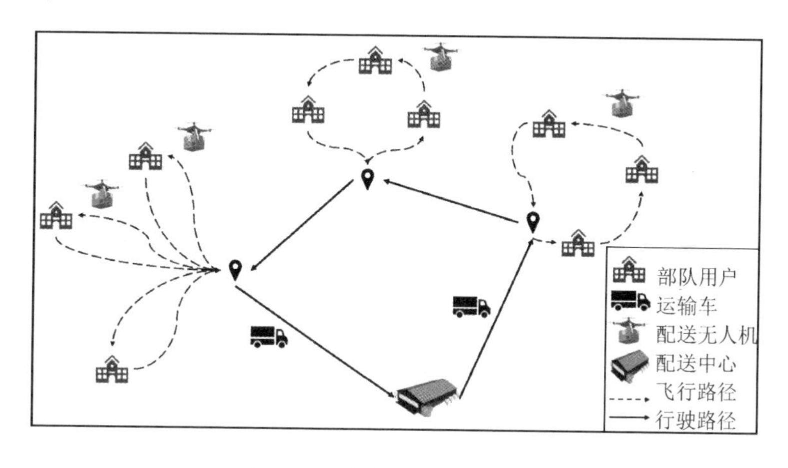

图 3-13　车辆搭载无人机配送

2. 模式特点

该模式直达性强，重点针对部分偏远边防点位的末端配送问题，突出无人机配送的越障能力以完成恶劣环境和高风险地区的物资保障；安全系数高，若采用驮马、人力来保障传统车辆难以直达的需求点极易发生险情，而无人化配送恰恰能够降低危险系数；适用物资受限，以车载无人机为任务主体，其运载能力、续航时间不足，以配送单个质量较轻、体积较小的散件物资为主，物资数量较多时，飞行架次增加，成本提高。

（三）无人机补给车辆配送

在该模式中，由车辆负责完成配送任务，无人机作为辅助角色，无须由车辆搭载，自主往返于配送中心和车辆之间，主要行使为车辆补充物资的职责，无人机可选择降落于车辆上，或是降落于物资对接点，由车辆接运物资，如图 3-14 所示。需补充物资的重量、体积、紧急程度等特性以及车辆到配送中心直线距离的远近对无人机平台功能的实现有着更加具体的要求，如表 3-4 所列。

表 3-4　各型无人机物资配送特点

无人机类型	任务条件		
	补充物资属性	前送距离	紧急程度
多旋翼无人机	质量轻、体积小的散件物资	短距离战术前沿运输	一般物资
复合翼无人机	质量、体积较小	长距离运输	紧急物资
无人直升机	单件质量大、体积大或者大批量物资	长距离运输	一般/紧急物资

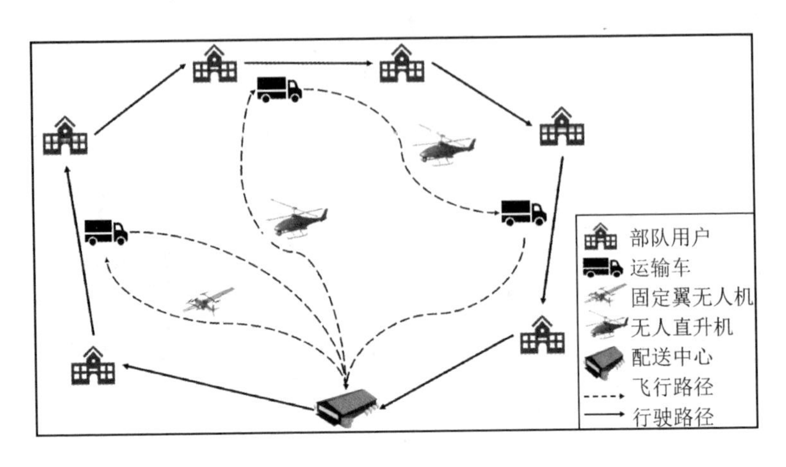

图 3-14　无人机补给车辆配送

1. 应用场景

该模式主要适用于以下两种情况：

① 车辆运输途中出现了实时性需求，此类需求一般更加紧急，须及时满足。

② 车辆派遣数量有限或是考虑到效率、成本因素控制车辆派遣数量，致使部分物资未能全部装载，采用无人机代为携带，在车辆储存空间充足后进行转运。

例如，在边境地区各点位部队实施日常保障过程中，突发敌方侵入我国边界实施蚕食、渗透等情况时，相关点位部队须迅速前出及时处置，结合近年边境冲突，双方爆发肢体冲突、械斗的可能性较大，官兵易发生创伤，加之自然环境恶劣，疫源地广布，高寒低温可加重受伤组织坏死与功能障碍，加重休克，特别是机动前出执行任务的部队现地医疗卫生条件差，难以就地补给。因此，受伤官兵对医疗器材、血浆、应急药品等物资配送的时效性要求高，合理利用该模式有助于应对部队执行任务途中所出现的动态需求。

2. 模式特点

该模式进行物资配送时效性强，利用无人机的速度优势以及车辆的续航、储存优势及时对突发需求作出反应，解决物资供需动态平衡问题；对配送中心的指控通联能力要求高，对于部队用户提报的需求应及时分析研判，必要时要提前预估，紧前筹备。该模式可适用于多样化物资，由于无人机可不再由车辆进行搭载、发射、回收等活动，则无须考虑尤其是大型货运无人机自身的重量、尺寸以及起降条件等因素，因此可直接根据现实条件选派不同类型的无人机执行各种对不同物资的前送任务。

二、无人机与运输船/无人船(艇)协同配送

无人船(艇)在水上物资运输、水上救援、水文监测等领域有着重要的作用,与无人机相比,其续航时间更长,载荷更大,但存在着跨障能力弱、受地形和海况影响大、观测能力不足、航行速度较慢等缺点,导致其工作效率低下。将无人船(艇)与无人机结合用于海上物资配送能够发挥二者综合优势,提升整体效率,提高对驻岛礁部队、海上机动船队的保障能力。根据实际应用场景,可将无人机与无人船(艇)集成分为无人船(艇)支持无人机配送、无人机与无人船(艇)协同配送、无人机支持无人船(艇)配送等模式,其功能关系如表 3-5 所列。

表 3-5 机-船集成模式功能关系表

模　式	各装备的功能	
	无人机	无人船(艇)
无人船(艇)支持无人机配送	承担全部物资配送任务	作为无人机的"海上仓库"和"基站",提供储存充电服务
无人机-船协同配送	负责对岛屿周边分散岛礁进行补给,以小批量、散件物资为主	负责对大型岛屿进行补给,以大批量、大宗物资为主
无人机支持无人船(艇)配送	往返于无人船(艇)与配送中心,为其"补货"	承担全部物资配送任务

(一) 无人船(艇)支持无人机配送

该模式利用载荷能力较强、续航时间更长的无人船(艇)搭载无人机到指定投放地域,而后派遣无人机挂载货物向有需求的点位实施精确配送,使无人机能够完成更远距离的配送任务,同时无人船(艇)为无人机平台提供通信保障、能源补充、数据处理等服务,无人机在完成作业后可以着船返航或补充能源投入下一次行动中,水上作业能力得到拓展。无人船(艇)支持无人机配送模式如图 3-15 所示。

1. 应用场景

该模式可应用于海防岛屿物资配送、海上机动任务船队物资补充等需求场景。在海防岛屿物资配送中,各岛、礁位置集中,分散程度有所区别,采用船(艇)运输容易导致迂回行程过长,并且易受到需求岛屿周边水域海况、气象条件的影响,无法正常完成物资由船到岸的转运。因此,运用船(艇)搭载无人机的配送模式,能够实现"中心—船(艇)—无人机—岛礁"的直达倒运路径,减少迂回和限制条件影响。

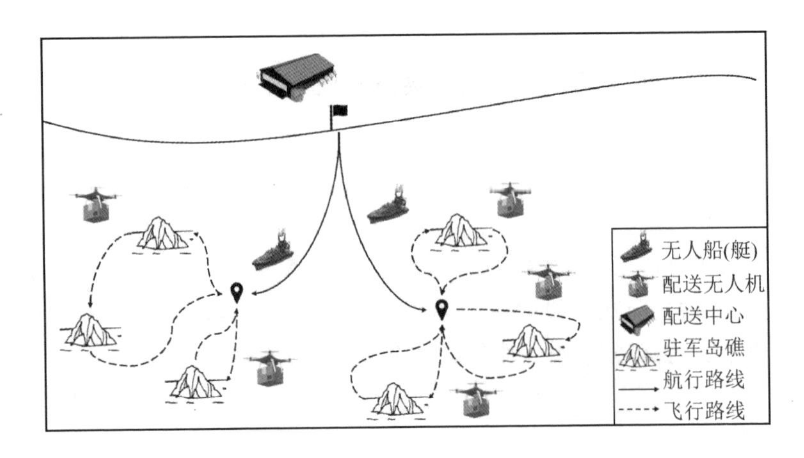

图 3-15 无人船(艇)支持无人机配送模式

在运行过程当中，后方配送中心首先对需求点位的地理位置信息进行数据处理，当点位较为集中时，可使无人船(艇)驶向一个中值点，使其距离各个点位的路程之和最小，而后按照物资需求特点和无人机平台性能分配任务进行投放，达到提高效率、降低成本的目的；当点位较分散时，合理规划无人船(艇)行驶路径，使在其路径上各点起飞的配送无人机作业半径能够覆盖其需进行保障的部队点位，任务途中无人船(艇)可在原地等候或在无人机续航里程允许的情况下驶向下一目标点，与完成任务的无人机在该点对接物资、补充能源，从而缩短停留时间，提高效率。

在海上机动任务船队进行物资补给的场景中，结合我国海洋权益纠纷复杂、周边国家觊觎窥伺我领海主权的实际，当出现敌方小股海上力量非法驶入我国领海、袭扰我国海上钻井平台、强占我国岛礁等紧急情况时，我国任务船队须及时机动至指定地域，利用无人船储存货物并搭载无人机实施“船—无人机—船”的物资倒运，既能够保证物资准备充足，又能克服无人机作业半径有限的缺点，最大限度地发挥无人机配送的快捷性、时效性，有力支援任务船队对敌斗争、快速反应。

根据配送任务场景和用户需求实际，包括物资总量、体积质量、配送距离、点位分布、紧急程度等选派不同类型的无人运输船(艇)和配送无人机，可以满足不同的物资保障条件，具体如表 3-6 所示。

2. 模式特点

该模式配送效率高，无人船(艇)可一次携带多架无人机同时对数个需求点位进行直线配送，减少船(艇)的迂回行驶距离，缩短作业时间；环境适应性强，物资不再是“船—码头—陆”的传统倒运方式，而是实现“船—无人机—陆”的空中立体倒运，受周边海况、码头停泊条件等因素影响小。

表 3-6 不同任务场景下的机-船集成模式应用

任务场景	保障方式	物资特点	实现模式	备　注
海防岛屿物资配送	大型岛屿驻防部队物资保障	总体批量大,包含重量、体积均较大的物资(维修器材、箱装弹药、淡水)	通过大型无人运输船搭载无人直升机进行保障	当保障任务区域同时涵盖大型岛屿和小型岛礁时,应发挥系统整体效能,将大型无人运输船、无人艇以及各型无人机有机结合
	小型岛礁驻防部队物资供应	总体批量较小,以小型、散件给养物资为主(新鲜时蔬、防暑药物)	通过大型无人运输船或无人艇搭载小型多旋翼无人机进行保障	
海上机动任务船队物资保障	物资前送或伴随保障	时效性强,配送速度要求高,以应急物资为主(急救药物、医疗卫勤器材)	通过无人运输船或无人艇搭载固定翼垂起型无人机或无人直升机,船-船倒运进行保障	

(二) 无人机与无人船(艇)协同配送

无人机与无人船(艇)共同承担物资配送任务,类似于车辆与无人机的协同配送模式,无人船(艇)主要负责运输大宗货物,同时为配送无人机提供充电、维修保养、物资存储等服务,二者分别为各自所对应的部队需求点实施配送任务,如图 3-16 所示。

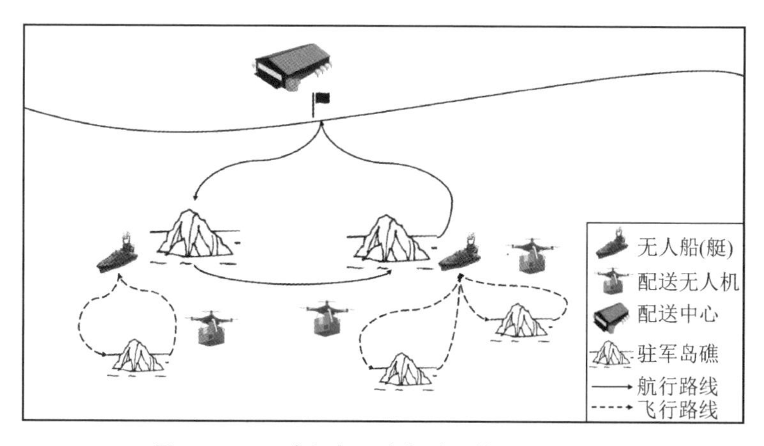

图 3-16 无人机与无人船(艇)协同配送模式

1. 适用场景

该模式适用于指定区域内各个需求点位分散且需求量大小差异较大的场景,例如对驻岛和驻礁官兵的保障,从需求总量上来说,驻岛单位的需求量更大,物资种类更多,驻礁点位的需求则相对较少、较为单一;从分布情况来看,任务区域内大型岛屿数量较少，小型的岛礁相对较多且分散，零星分布。因此，在遂行任务过程中，由无人船(艇)运输大批量、多种类的物资对驻岛屿海防部队进行保障，而各个守礁官兵需要的小批量物资则提前在无人船(艇)上按照各礁情况予以组配，当无人船(艇)到达预定海域后派遣无人机空运物资。在任务执行前可预先对保障区域内各个大小(岛、礁)点位的位置、需求量进行分析，合理规划无人船(艇)将要行驶的路径，力求到达一个“平衡点”时，船载无人机的配送半径即可覆盖区域内各个零散的小型岛、礁，实施“由船到岛”的物资倒运行动；而无人船(艇)则行进于一个或若干个岛屿之间，完成当前任务的无人机将回到无人船(艇)上继续搭载物资或补充能源。对于某些偏远的岛、礁点位，则需要无人船(艇)为无人机提供预储、运载等服务以克服无人机续航能力有限、作业半径小等限制因素。

2. 模式特点

该模式经济性好，无人船(艇)和无人机各有分工，根据需求物资的特点、数量、点位位置、紧急程度等合理分配任务，扬长避短，降低成本；适应能力强，部分偏远的小型岛礁基础设施建设落后，船(艇)靠泊条件差，运用无人机来执行对此类岛礁的配送任务可以降低影响，保证配送的可靠性；为满足多样化物资需求，该模式对区域内各型岛、礁共同进行保障，即适用于大批量、大型货物与小批量、散件货物共存的情况，对于资源相对集中、辐射支撑周边岛、礁的大型岛屿，采用大型无人船进行物资补给，保障中心岛屿的物资储备充足，特别是淡水、食品等，对于驻礁部队的需求应重点落实保障的准确性、可达性，满足小型岛、礁物资需求批量小、种类多的特点。

(三) 无人机支持无人船(艇)配送

该模式由无人船(艇)主要负责物资配送，无人机作为辅助平台，往返于岸基配送中心和无人船(艇)之间，担负为无人船(艇)补充物资或能源的任务，如图 3－17 所示。

1. 应用场景

当无人船(艇)因运力有限，同时考虑到效率、成本、无人船(艇)保有量等因素而无法一次完成装载货物时，该模式可以及时由无人机后续补充货物至船上，缩短了无人船(艇)在完成一次补给后需返回后方配送中心再行领取货物的空驶路程，减少时间、运力方面的浪费，提升了作业效率。

当无人船(艇)在配送过程中涉及多个点位，而自身储存油料有限无法满足整个行程时，由无人机及时向无人船(艇)补充其所需的燃料、能源等物资，提高其续航能力并扩大运输半径。

在紧急条件下，面对实时产生的需求，因未在预定保障方案内而没有实施装载

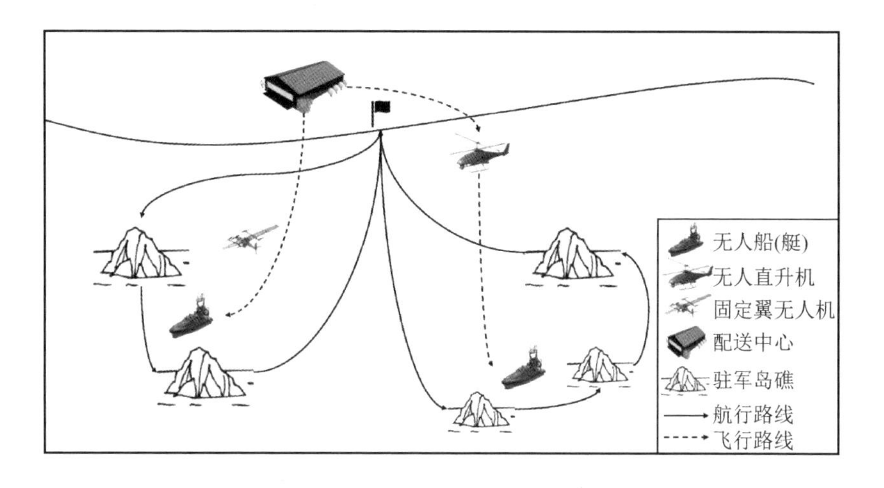

图 3-17 无人机支持无人船(艇)配送模式

的应急物资(如药品、血浆等)也需求由无人机及时补货,做好动态需求的保障工作。岛、礁上的自然环境复杂恶劣,驻岛、驻礁官兵的生活条件仍较为艰苦,加之战备任务繁重,驻防官兵患病率较高,例如日晒和蚊虫叮咬导致皮肤病、饮食条件差引发消化道疾病、风大潮湿易诱发关节炎以及部分热带岛礁高温环境因缺水易致泌尿系结石等,因此,驻防官兵的卫勤保障压力较大,配送中心需对保障区域内各个点位上报的需求及时反应,借助"无人机+无人船(艇)"配送时效性强、周期短等优势解决上述问题。

2. 模式特点

该模式配送效率高,当无人船(艇)数量有限时,由无人机装载部分剩余物资后续补充至船(艇),避免因返回"补货"而造成空驶;物资配送时效性强,利用无人机的速度优势及时将突发性需求物资配送至船(艇)上,解决动态需求问题;对无人机和无人船(艇)航迹协同以及无人机精确降落要求更高,由于在海上作业,无人机只能通过"点到点"即配送中心到船(艇)的直达运输来倒运物资,无法提前将物资卸下由船(艇)进行接运;适用于多种物资,在应用当中由无人船(艇)航行于各个点位之间保障全部需求送达,并通过接收无人机来补充相应物资和能源,因此以中、大型无人运输船(艇)为主,可以按照配送物资的数量和质量特点、紧急程度等因素选派合适的配送无人机以满足对于不同种类物资的需求。

第四节　无人配送系统集成模式应用

上文主要是从物理的角度分析了无人配送系统集成模式，即从无人配送装备的可集成性和集成应用性角度进行了分析，要想真正实现无人配送系统集成应用，还要进一步分析无人配送系统集成的应用目标和应用要求。

一、无人配送系统集成模式应用目标

要确定无人配送系统集成的应用模式，首先要从配送的目标着手进行分析，目标对方案确定具有指引性作用，是方案所要实现的最终效果。对于无人配送系统集成模式的应用目标，主要从以下 4 个方面考虑。

（一）满足物资配送及时性需求

无论是在平时还是在急（战）时状态，对于物资配送行动都有一定的时限要求。如在平时保障当中，对于西部地区海拔较高、位置偏远的部分边防哨所在新鲜果蔬、蛋奶方面的供应就需要及时、定期配送，避免官兵因长期难以摄入身体所需营养物质而导致身体机能、免疫力下降，诱发疾病。在急（战）时保障中，一些应急类物资对配送的时效性要求更严苛，如山岳丛林地区的边防连队进行日常边境巡逻时，发生战士被毒蛇咬伤的情况较多，加之这类地区疫源地广布、气温普遍较高、蚊虫叮咬严重，须及时获取蛇毒血清等应急药物，防止伤情急剧恶化；再如边防分队在执行作战任务途中出现重伤员血液流失严重情况，急需医用血浆补充，而分队本身在血液储存保管条件和规模上受限，特殊情况下需要从后方紧急组织血液配送以防止伤员因失血过多而威胁到生命。针对上述情况，应侧重于采用无人机集群配送或车辆搭载无人机配送，充分发挥无人机跨障能力强、飞行速度快的优势，结合无人车储存、补给的效能为无人机提供支撑。

（二）满足物资配送安全性需求

物资配送的安全性可以从平时降低事故风险和战时减少人员伤亡两个维度来考量。如我国西部边防一线的神仙湾、天文点等哨所交通条件简陋，自然条件恶劣，当遭遇极端天气时道路阻断，传统运输车辆无法通行，对上述点位的物资补给需要依托人力、畜力进行，风险隐患大、危险系数高。针对该情况，可采用同构的运输无人机集群进行配送，减少对人力、道路条件的依赖；在战时保障的安全性方面主要考虑人员安全和物资安全，以无人配送系统作为主体，代替人力执行战场条件下的物资运输任务，一定程度上降低了后勤保障人员的伤亡可能。同时，为应对敌情威胁，可采用异构的无人配送系统集成模式，即在无人机集群中编入一定数量的具备侦察识别、态势感知、火力打击等功能模块的无人机对路径中的敌情威胁做出反应，防止配送集群遭敌打击。

（三）满足物资配送高效性需求

物资配送的高效性体现在配送的可达性和效率方面。选择无人配送系统集成模式要立足于部队用户的物资需求，根据物资的种类、批量、质量、体积、时限要求以及集散程度来确定无人配送系统的规模和类型，实现资源的合理配置，提高效能。例如，当保障区域内各点位需求差异大，大批量、少品种和小批量、多品种物资并存时，宜采用无人机与无人车同步配送的模式，两种装备分别承担相应的任务。同时，还应结合具体配送场景，例如高原高寒边防地区、沿海岛礁地区等特殊环境特点或战时配送中可能面临的敌情威胁，以传统保障方式中的断点、难点为导向，所采用的集成模式要能够克服遂行任务途中包括气象条件、地形地貌、道路交通、电子干扰、火力拦截等在内的各种不利因素，按需选择同构或异构的机-车、机-船和集群集成模式，突出跨障避险能力，确保将物资按要求送至部队用户，保证配送任务顺利完成。

（四）满足物资配送经济性需求

将多个无人配送系统进行集成，使之互相紧密结合达成协同，可以克服单一无人配送系统存在的局限性，在保证军事效益的同时兼顾经济效益。例如，单一无人配送系统载荷有限，导致无法一次性完成物资装载，需多次往返于配送中心和部队用户之间，增加了空驶里程、时间成本和能源损耗；续航能力不足，导致无人配送系统工作覆盖半径较小，覆盖部队用户有限，增加了小型配送中心、中继补给站等基础设施建设方面的成本；当个别部队用户点位分散、偏远而需求物资呈现小批量、多品种的特点时，全程依赖单一的无人系统会造成严重的运力浪费。因此，结合任务实际选配适当的无人配送系统进行组合，可以提高执行任务的针对性，发挥出各型无人配送系统的独特优势，从而实现较好的经济效益。

二、无人配送系统集成模式应用要求

无人配送系统集成模式应用要求是支撑无人配送系统集成应用的基础。无人配送系统集成应用要求主要包括无人配送系统智能决策、运作管控、态势显示和应用评价等。

(一) 无人配送系统集成智能决策

无人配送系统集成智能决策主要以具体配送任务需求为牵引,分析配送任务中有关物资种类、物资数量、物资重量、配送时间和配送距离方面的信息,充分考虑配送地形、地势、气候等环境条件和装备战术技术指标,确定无人配送系统的集成模式、装备选型和配送路径规划与优化问题,其内容框架如图 3-18 所示。

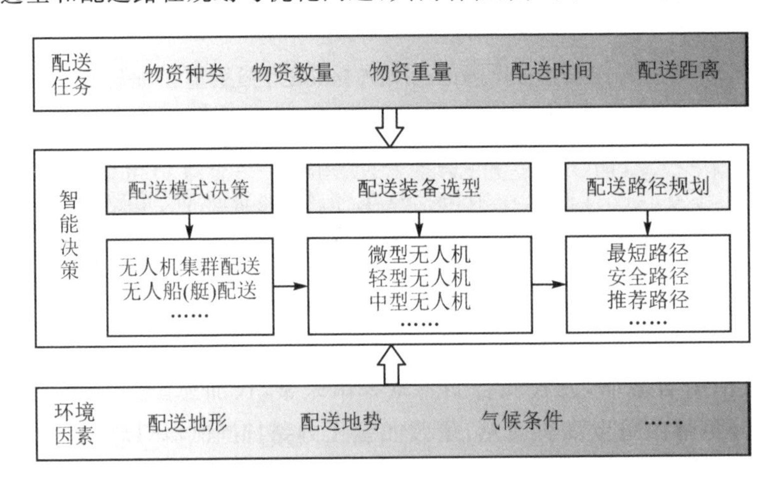

图 3-18 无人配送系统智能决策内容框架

以无人机系统集群配送为例,根据物资性质选择无人机装备,确定配装物资品种及数量,规划各个无人机配送路线,并生成无人机集群配送最优方案。对于跨域无人配送系统集成方案,需要科学规划多种集成模式,并对不同模式的配送时间和配送经济性加以分析,结合可用装备情况形成最优方案。

(二) 无人配送系统集成运作管控

无人配送系统集成运作管控是在实际运作配送中,考虑多任务、多装备、多行动并行的情况,对每个无人配送装备在任务装载、发出、送达和卸载等环节进行管控,保证无人配送过程中多个无人装备的协同有序,并能够针对应急状况进行动态调整，其内容框架如图 3－19 所示。在多个无人配送装备具体执行配送任务时，通过设置装备之间的安全距离、装备控制指令等方法，保障各装备按任务规划正常执行。当无人配送装备偏离计划任务或者进入限制区域时，能够进行威胁规避，如对正在执行配送任务的无人装备调整其配送路线，生成新的路线方案等。

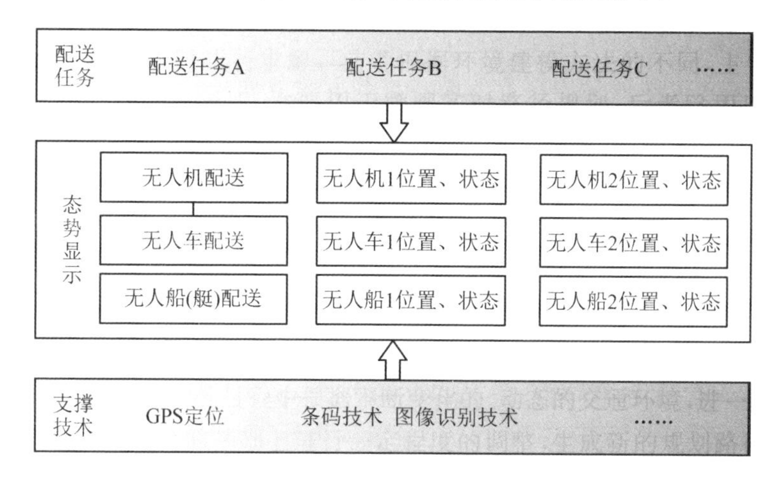

图 3－19　无人配送系统集成运作管控内容框架

（三）无人配送系统集成态势显示

无人配送系统集成态势显示主要依托电子地图显示配送场景资源，包括配送物资、无人配送装备、障碍物、集货点、需求点等资源信息，并在无人配送任务执行过程中获取各种无人配送装备的位置和状态等方面的数据和信息，其中，无人配送装备状态参数主要包括经度、纬度、载质量、油/电量、任务、配送物资等，以便实现无人配送系统集成全流程可知、可视，其内容框架如图 3－20 所示。

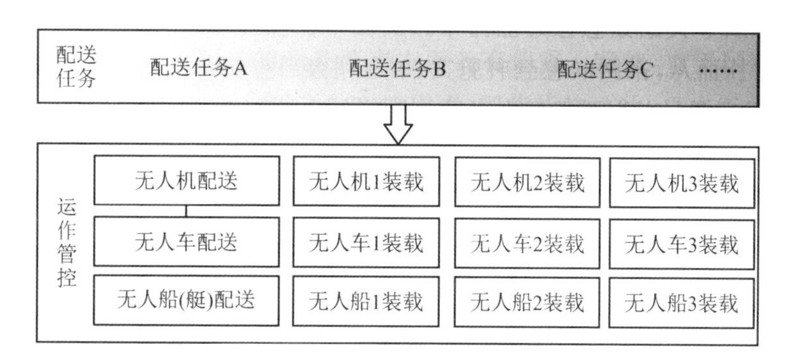

图 3－20　无人配送系统集成态势显示内容框架

(四) 无人配送系统集成应用评价

无人配送系统集成应用评价主要是针对无人机、无人车、无人船(艇)等无人配送装备的配送任务完成情况、是否准时到达情况、遭遇危险突发情况等数据进行统计分析,处理形成多任务的评价数据,为物资配装及配送装备任务规划提供参考信息。配送效能评价须区分为任务效能评价和安全效能评价,能够运用相关参数指标,结合任务类型和评估类型,自动统计任务的及时性、可靠性、配装方案经济性和路线决策合理性等,其内容框架如图 3 - 21 所示。及时性可按任务要求的时间对比实际配送到达的时间进行计算;可靠性可按有效配送次数与实际配送次数进行计算;配装方案经济性可按配送物资重量对比配送工具的有效载荷进行计算;而路线决策合理性可按实际配送路径距离对比最短路径配送距离进行计算。

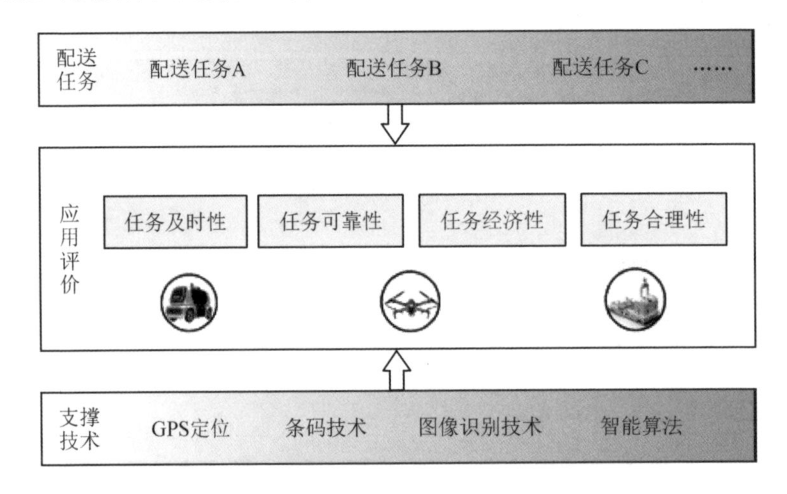

图 3 - 21　无人配送系统集成应用评价内容框架

第四章　无人配送系统集成数据资源规划

无论是无人配送系统集群，还是跨域无人配送系统协同，都需要依靠数据集成和网络集成技术来实现无人配送系统集成体系建设。无人配送系统集成要素通过无人配送系统集成体系的相关信息系统实现柔性组合，通过数据感知、规整、发现和决策为无人配送保障信息赋能，解决资源力量聚焦运用问题，即“网聚能力”。无人配送系统集成数据资源规划是无人配送系统集成的前提，无人配送系统集成的一切活动应以数据资源规划和信息系统集成为重点展开。

第一节　无人配送系统集成规划分析

由于无人配送系统需要对物资筹措与集货、物资组配与配载、运力编组与路径规划、物资装载与送达进行全过程全系统的信息化管控，助力无人配送系统集成体系效能增强，因此无人配送系统集成规划的重点是数据资源规划。数据资源规划(Information Resource Plan，IRP)理论是建立在数据资源管理理论与信息工程方法论基础上由信息系统全面规划的技术方法体系。IRP 理论为实现系统整体的管理目标与要求，从信息的采集、预处理、存储、传输到使用的各个环节，对系统业务模型、系统数据模型、信息基础标准、信息系统体系结构模型进行全面规划。本节围绕系统集成的数据资源规划内容，主要介绍数据资源规划的要素体系架构、基于配送管理分系统的无人配送数据资源规划流程和集成策略。

一、数据资源规划体系

数据资源规划的技术体系可概括为“两条主线、两个方法、三种模型、五项标准”。两条主线，即业务和数据；两个方法，是在两条主线的基础上进行需求分析与系统建模；三种模型，是建立系统功能模型、数据模型与关联模型；五项标准，包括数据元素标准、信息分类编码标准、用户视图标准、概念数据库标准、逻辑数据库标准。这些要素整合形成一套系统化、标准化的数据资源规划模式，可满足任一信息系统的数据规划需求。数据资源规划体系架构概念图如图 4－1 所示。

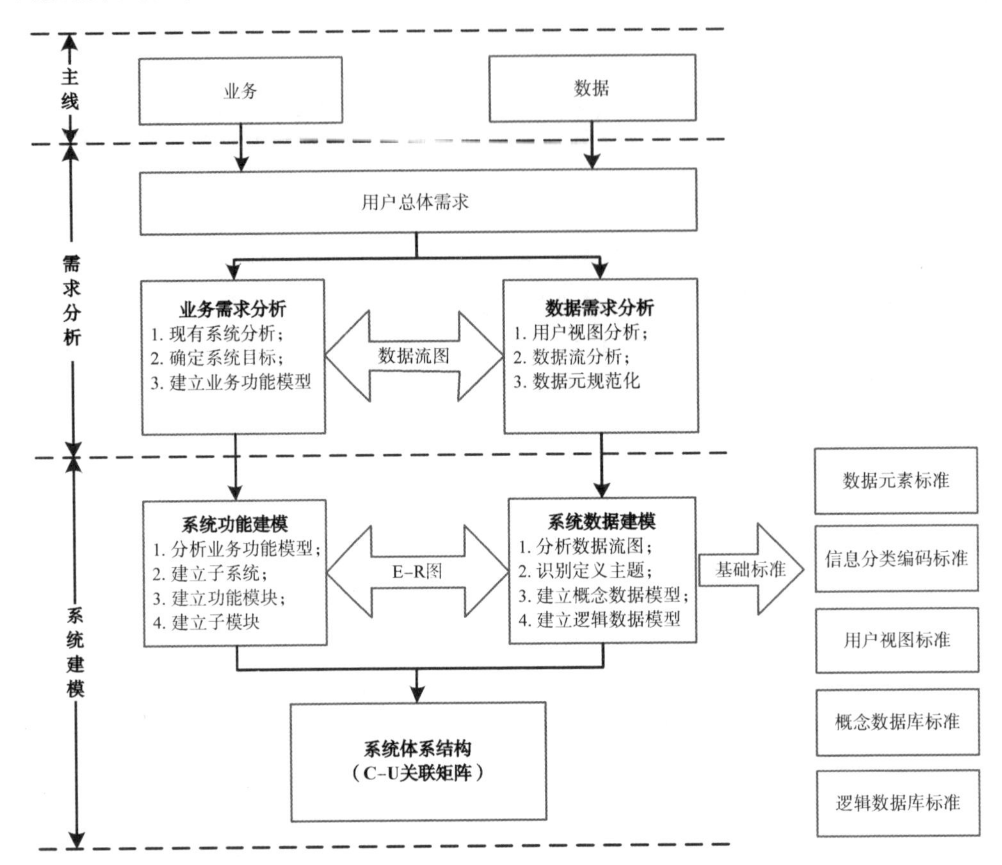

图 4－1　数据资源规划体系架构概念图

二、数据资源规划流程

围绕数据资源规划的概念，无人配送系统集成的数据资源规划被界定为：为满足无人配送系统集成体系中各要素、各活动的精确管控需求，对无人配送系统集成体系内各相关业务系统的数据从采集、预处理、存储、传输到使用等各个环节进行的全面规划。

无人配送系统集成体系要素活动依托配送管理分系统与无人配送系统协同开展。根据上级下达的物资配送指令，预置预储的物资通过配送管理分系统进行分拣、组配与配载、包装与集装处理，最终装载至无人配送运输装备，特别是在配送运输环节，无人配送系统科学筹划无人配送运输路径，综合运用无人机、无人车、无人船(艇)等无人运输装备进行物资无人运输投送任务。

无人配送系统集成数据资源规划是基于 IRP 技术体制,针对无人配送系统的数据资源集成实际,以数据与业务为牵引,分析配送管理分系统与无人配送系统的数据构成,规划无人配送系统的数据资源集成模式,提出总体规划流程,如图 4-2 所示。

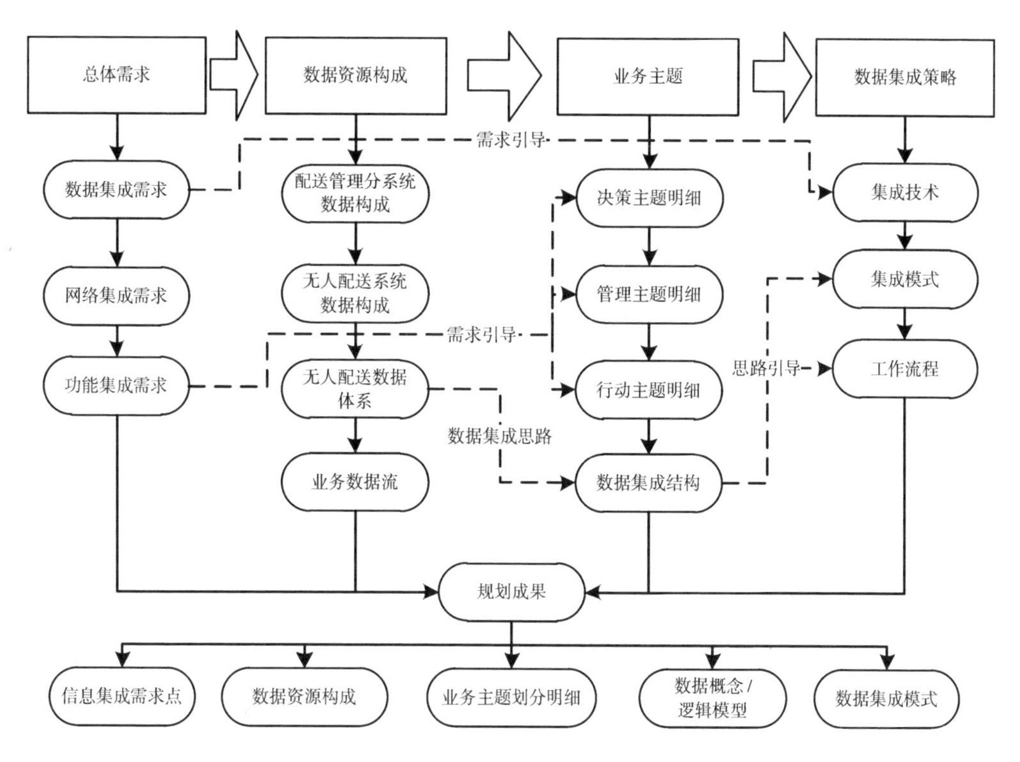

图 4-2 无人配送系统集成数据资源规划流程

该规划流程大致分为以下 4 步:

① 确定无人配送系统数据资源集成的总体需求。围绕无人配送系统集成体系要素活动的运行现状,针对业务系统之间的数据集成、网络集成和功能集成分析无人配送系统集成的主要内容及其要求,明确数据资源集成的预期效果。

② 分析无人配送系统的数据资源构成。围绕对无人配送系统与配送管理分系统体系结构的分析,梳理相关业务系统及子系统的源数据构成,设计全局数据资源体系与数据流,进而构建源数据库概念模型。

③ 分析无人配送系统集成的决策主题。以业务主题(如决策主题、管理主题、行动主题)的数据需求为牵引,梳理无人配送系统集成数据资源结构,进而构建多维数据库(数据仓库多维数据模型)概念模型及逻辑模型,经抽取、聚类、整合源数据并汇聚于相应决策主题的多维数据库供开发运用。

④ 分析数据集成策略。根据无人配送系统的数据资源集成思路与集成结构，综合利用先进的物流信息技术方法与手段，确定数据资源集成的规则与策略，为无人配送系统数据资源集成提供技术方案。

三、数据资源规划策略

（一）无人配送系统集成的数据资源规划策略描述

无人配送系统集成的基础是配送管理分系统，按照“业务系统源数据—决策主题多维数据”的无人配送系统数据资源集成的思路，针对无人配送系统集成数据来源多样、结构异构与语义异构等特点，提出无人配送系统的数据资源集成策略，其概念图如图 4－3 所示。

结合图 4－3，可将数据资源集成策略分为 3 个层次，即基础业务层、集中式存储层与数据开发层：基础业务层通过国家交通运输物流公共信息服务平台（LOGINK 平台）进行无人配送系统集成体系要素系统之间的数据交换，实现基础业务对接；集中式存储层搭建云存储环境，设计数据模型，实现无人配送系统集成体系要素业务数据的多源汇聚与规整、集中存储与管理；数据开发层在数据汇聚的基础上，采用数据仓库及相关工具分析挖掘数据资源的潜在价值以助力实践活动。

（二）无人配送系统集成的数据资源集成技术分析

根据数据资源集成策略层次、职能角度的划分，技术分析从数据交互服务、云存储与数据仓库 3 个方面展开。

1. 数据交互服务

LOGINK 平台是依托先进信息技术与现代通信技术集成构建的信息化物流网络平台，实现了物流活动中各环节以及铁路、水路、公路、空中等各种运输方式使用用户的共用数据交换与共享。在无人配送系统集成体系要素活动的应用方面，LOGINK 平台在数据交换服务架构内按照信息密级要求建立了配送管理分系统与无人配送系统的数据加密传输通道，传输结构化格式报文单证，确保配送系统要素之间共用信息流转安全。因此，本文提出基于 LOGINK 平台的无人配送系统集成体系要素物流单证交互模式，其概念图如图 4－4 所示。

2. 云存储

云存储的本质是一种打破了传统存储介质的物理与现实阻隔的分布式存储模

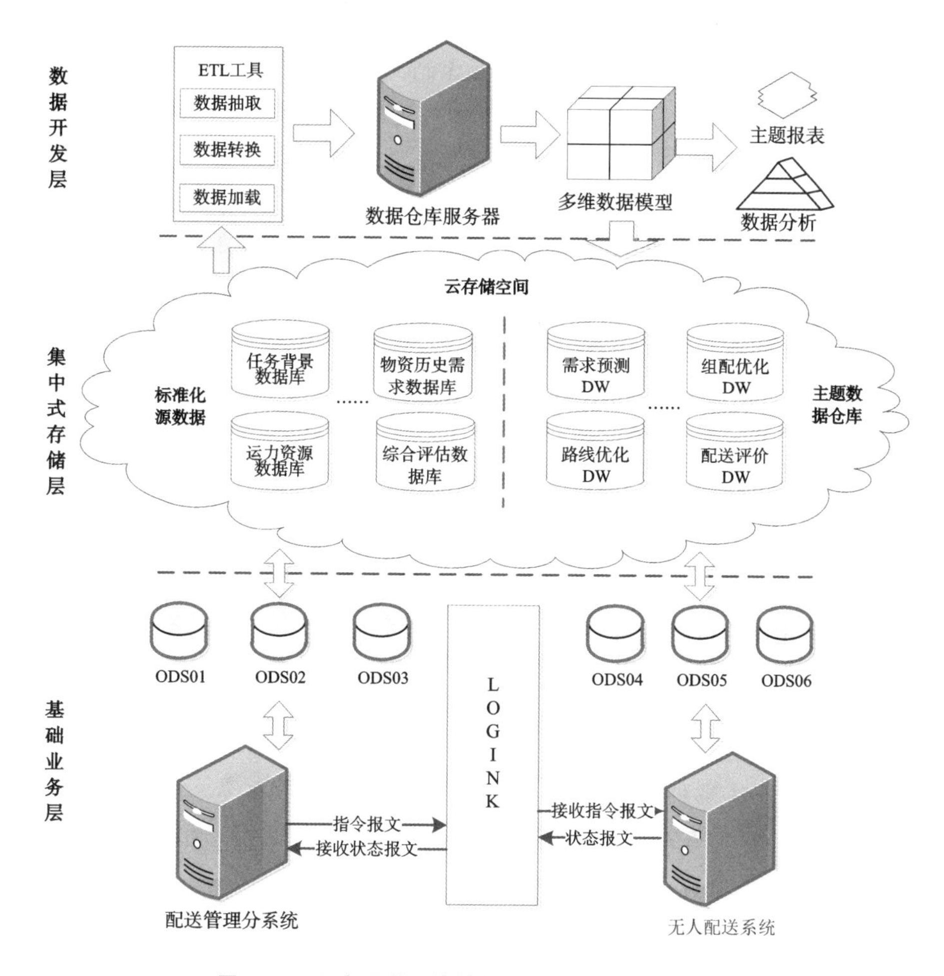

图 4-3 无人配送系统的数据资源集成策略概念图

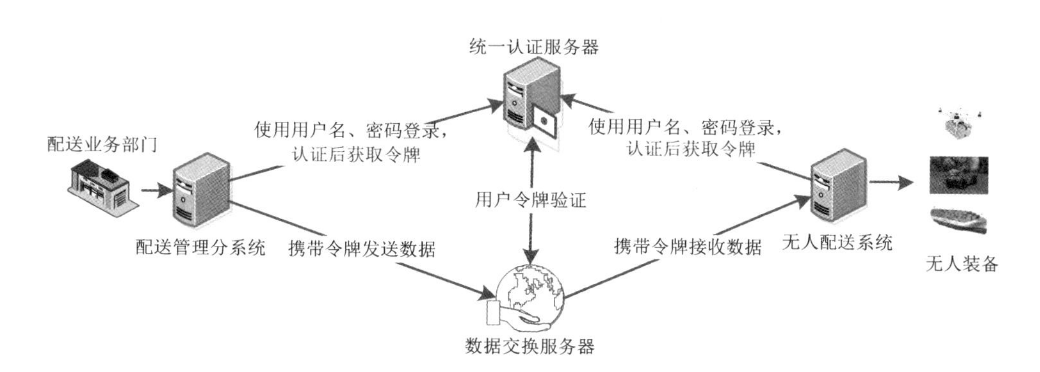

图 4-4 基于 LOGINK 平台的无人配送系统集成体系要素物流单证交互模式概念图

式，是将数据集中存放于云端并实现有效管控的网络数据服务。云存储一般可分为公共云存储、内部云存储与混合云存储。考虑到无人配送系统的数据资源有保密性要求，可以在(利用虚拟专用网络 VPN)技术构建的专用网络中部署内部云存储服务，进行信息数据的交换、汇聚及存储，为开发手段提供数据资源。

将多源数据规整与汇聚并存储云端的流程如下：

① 根据无人配送系统集成体系内数据资源的标准，优选 SQL/NoSQL 数据库管理系统(SQL 数据库如微软 SQL 数据库、Oracle 数据库，国产的达梦数据库、金仓数据库等；NoSQL 数据库如 MongoDB、Redix 等)，设计部署云端数据库表结构模型。

② 动态设定云存储平台的存储容量、空间分配策略、数据备份机制等参数，部署后对云存储平台执行初始化操作。

③ 对于体系内要素数据源(主要是关系型数据库)，利用预设的标准化数据接口定时动态上传业务数据，并即时利用数据处理工具完成上传数据集的预处理。

④ 根据源数据模型，在云存储平台构建统一的映射模式，主要是数据项(数据项对应数据库表字段，多个相关字段组成一条记录)的关联规则、汇聚模型，实现对多源异构数据的分类规整、汇聚与存储，支撑全局数据资源的质量管理与治理。

3. 数据仓库

数据仓库所具有的以主题性、历史性、时变性为特征的数据资源为形成领域内主题解决方案提供了数据资源支撑。基于数据仓库将各种业务应用系统集成在一起，为统一的共用数据分析提供坚实的平台，其本质上是一种具备数据资源处理与分析功能，提供决策支持、信息服务的数据库环境。在无人配送系统集成体系数据资源集成的基础上，部署数据仓库服务，能够根据配送决策者的需求，生成不同业务主题的数据视图、多维数据报表，为无人配送系统决策提供信息支持。

在实际运用中，上述 3 种数据集成技术并非独立应用，而是融合应用，数据仓库技术在云存储平台和大数据平台中应用较为广泛。本文着重介绍云平台利用数据仓库的具体流程：

① 根据决策主题划分情况，设计无人配送系统集成的数据资源多维数据模型。

② 确定数据仓库服务器的数据存储模式、索引策略与存储分配方式。

③ 访问无人配送系统数据资源的云存储，抽取主题信息数据，经数据规整处理后加载至数据仓库服务器。

④ 利用 OLAP(线上分析处理技术，也称联机事务处理技术)、数据挖掘等大数据分析手段，生成决策主题报表与数据分析结果，进而形成决策知识，指导配送决策、管理和行动。

综上所述，在进行无人配送系统集成的数据资源集成技术分析时，LOGINK 平台作为无人配送系统的共用数据交互和规整集成的基础支撑；云存储作为汇聚物流资源网内各实体业务的信息系统数据，形成支撑决策主题所需的数据资源，是数据集成的核心组件；数据仓库作为云存储内数据资源深度开发的一种多维分析预测模型，支撑对规整数据资源的开发运用。

第二节　无人配送系统集成主要内容

无人配送系统集成体系要素活动相对独立、行动特殊，要实现要素数据资源集成，首要实现要素系统的集成。通常信息系统集成主要包括数据集成、网络集成和功能集成。结合上文对无人配送系统集成数据资源规划概念的剖析，本节也将从数据集成、网络集成、功能集成 3 个方面分析无人配送系统集成的具体需求点。

一、无人配送系统数据集成

无人配送系统集成体系要素数据既包含配送管理分系统数据，也包括无人配送系统数据，具有显著的多源、异构特征，数据的准确性、规范性难以保证，信息化条件下配送活动中产生的数据规模大、保鲜周期短，难以快速规整、聚合为数据资源（数据资源应为准确、及时且可用的数据集合），使其辅助决策质量具有很大的不确定性。因此，数据集成需求是信息集成的首要需求，具体需求点包括数据采集、数据预处理、数据标准化以及数据关联与聚合。

（一）数据采集

数据采集是一切信息集成工作的起点，须确保无人配送系统集成体系要素活动数据采集的实时性、准确性、完整性，以支持对无人配送系统集成体系要素活动的管控。在无人配送系统任务规划数据采集方面，由于不同型号、不同企业的无人运输系统在指控数据结构上存在较大差异，需要采取针对性的采集措施。归结起来，无人配送系统集成体系内的要素系统应满足以下两点：

① 围绕物资和装备编目、装备数量和质量、储备结构、配送方案等基础数据，采取以物流单证作为无人配送系统集成体系内各要素系统之间的数据交换载体，定时自动进行业务数据交换，实现对配送活动过程中各环节业务共用数据的全流程、全过程管控。

② 围绕无人配送场景状态、载运平台状态、物资包装与集装状态、配送路径通行

状态等动态数据，借助物联网、区块链、边缘计算等技术实时感知并及时利用加密通道进行传输与交换。

（二）数据预处理

数据预处理即数据清洗与数据转换。首先，要确定不同无人配送系统集成体系要素系统的数据资源构成，对不同数据采取针对性的处理方法与技术手段。对于无人配送系统集成体系内要素系统之间的共用数据资源采取统一的集中式处理方式，利用相关文献中提出的语法质量、语义质量和语用质量模型进行数据规整处理，去除结构残缺、语义不清、格式错误的不可用信息，消除冗余的重复信息，设计精准的数据结构与容量。

（三）数据标准化

数据标准化是在预处理后的数据基础上建立全局与局部的数据字典，做到一数一源、一数一码，消除不同无人配送系统集成体系内要素系统之间的数据歧义；针对业务与决策活动的实际需求，确定元数据、分类编码、用户视图等基础标准，建立科学合理精要的数据结构模型。

（四）数据关联与聚合

关联与聚合是数据体系构建与数据分析应用中的必要环节，必须规范数据的存储与传输标准，组合运用虚拟化存储、分布式存储、集中式存储等数据存储模式，统筹管理各类数据库文件，实现数据资源全生命周期可视可控。针对无人配送系统集成体系要素活动决策、管控和行动的实际数据结构需求，基于元数据、数据字典和知识库、规则库，利用智能匹配算法模型，支持集成体系内要素系统中不同格式、不同类别的数据实现关联与聚合。

在以上4个需求点中，数据采集是数据开发和可用性的前提，数据预处理是数据正确性与完整性的保证，数据标准化构建了统一的集成框架，数据关联与聚合是对数据开发、应用的具体落实。上述4个方面的需求点随着数据开发进程的不断深入，逐步展现出数据集成与应用流程，为无人配送系统集成体系信息集成设计提供了思路。

二、无人配送系统网络集成

无人配送系统集成体系内各要素系统互联互通的实现必须依托网络信息体系所构建的稳定畅通的物流信息网络。围绕无人配送系统集成体系建设与运用中的信息保障实际，本书提出了无人配送系统集成体系的信息网络需求，其要素系统网络及其关系概念图如图 4－5 所示。

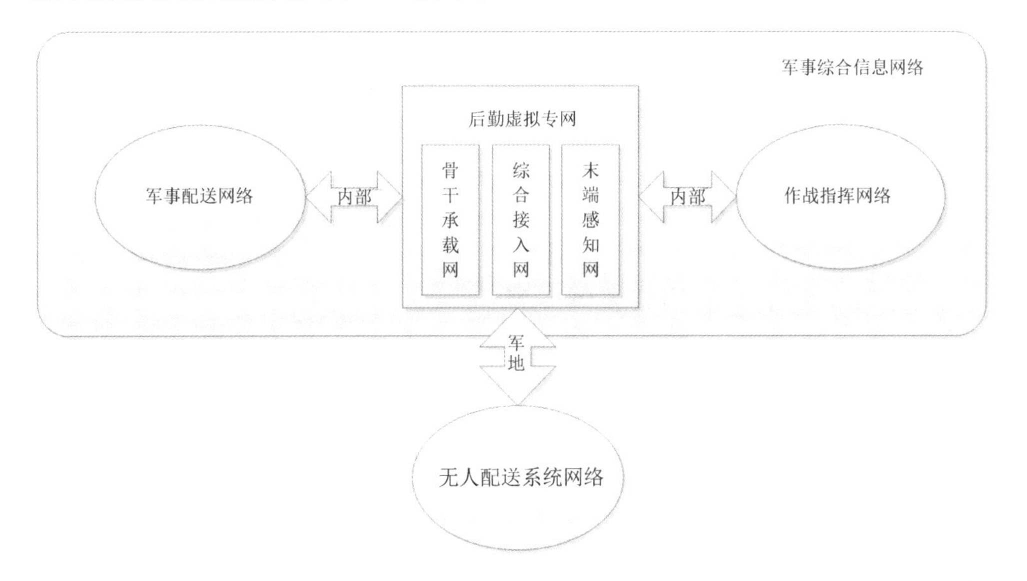

图 4－5　无人配送系统集成体系的要素系统网络及其关系概念图

无人配送系统集成体系的要素系统网络以基于 VPN 技术的军事物流信息网络为核心，对接配送信息网络和无人配送网络，以满足无人配送系统集成体系的“军地协同”业务需求为目标。无人配送系统网络集成有如下 3 个需求点。

（一）基于 VPN 技术的专用网络畅通稳定

作为网络信息体系中的核心要素，专用网络的畅通稳定是军事物流系统、无人配送系统集成体系中各要素通联的基础性保障。专用网络是以军事信息网为基础，融合多种内部信息通信网络，延伸至地方专用网络乃至互联网，为军事物流系统各要素之间搭建起的用于进行安全接入、数据按需交换的网络交换服务平台。物资配送任务指令信息需要依托军事物流信息网络通道，通过“骨干承载网(基于 VPN 技术的专用网络)—军事物流网—配送业务网—无人配送系统集成体系网”进行单证数据流转，直到送达无人配送系统集成体系内的业务执行要素。因此，确保基于 VPN 技术的专用网络安全、稳定、畅通，是实现无人配送系统集成体系要素互联互通的首要前提。

（二）军事配送网络综合集成

随着对信息化技术集成的运用，条码技术、射频识别(RFID)技术、定位导航技术、传感器技术等物联网技术被引入配送网络中。为实现无人配送系统集成体系要素的协同运行，在配送任务筹划与集货、组配与配载、包装与集装、装载与运输、卸载与送达等作业环节，应合理分析各作业环节的场景与设施条件。

当前，军事配送网络要素包括物资、装备、设施、人员、运载工具等实体，特别是要注重无人智能装备系统融入问题，因此，要基于军事物流信息网络构建集成的配送信息网络，确保无人配送系统集成体系内各要素的业务数据能够快速、有效地交换与共享。

（三）无人配送系统网络整体兼容

无人配送系统包括无人运输机系统、无人运输车系统、无人运输船（艇）系统和其他无人智能保障系统，由于各系统定位不同、标准不完整以及技术形式多样等原因，特别是出于对无人智能系统自身安全的考虑，各系统进行数据传输和共用数据交换的信息网络相互独立。无人运输机系统依托数据链系统进行无人机的指控通信，无人运输车系统利用车载无线电台、卫星等方式进行指控通信，无人运输船（艇）系统的指控通信则依靠船岸通信系统开展，系统间的通信网络架构、硬件设施、通信协议等各不相同。为实现无人配送系统的协同运行，必须提高子系统信息网络的兼容性，构建一体化的无人配送系统集成网络，实现无人配送系统集成体系中指控平台与装备平台的有效协同对接。

基于 VPN 技术的专用网络、军事配送网与无人配送系统网连接了无人配送系统集成体系中的所有要素数据节点，其稳定通联、安全对接是无人配送系统集成体系的“生命线”。基于当前专用网络以及地方物流信息通信网络的建设实际与对接需求，网络集成要以军事信息通信网络为主干，在确保安全的基础上，积极对接地方系统与相关平台，构建安全稳定、集约通畅的无人配送系统集成网络。

三、无人配送系统功能集成

无人配送系统的功能集成是指将无人配送系统集成体系各要素系统在信息系统集成的基础上，以信息处理功能为主线，整合并拓展决策、行动功能；针对无人配送系统集成体系要素活动环节的全流程管控与决策支持需求，进行整体功能集成设计，充分挖掘数据资源的应用价值。其具体功能有如下 3 个需求点。

（一）基础业务对接

基础业务对接就是利用无人配送系统集成网络支持无人配送系统集成体系中各要素业务的开展。通过对无人配送系统集成体系要素的业务流程展开分析，可知基础业务环节主要包括配送任务处理、配送指令下达、调拨流程管控、无人运输装备状态监控、送达交接服务等。基础业务对接通过无人配送系统集成体系中各要素系统之间的数据采集、处理与流转等环节即可实现，是数据资源集成的初等形态。

（二）配送任务规划

配送任务规划就是通过划分配送需求预测、配送方案优化、配送行动评价等决策主题并集成相关数据，合理选择数学模型，对主题数据进行分析、计算，最终生成能够支持配送指控与决策的知识，实现对配送行动的精确管控。

（三）配送态势集成

配送态势集成本质上是无人配送系统集成体系内各要素系统的物资、装备、载具、环境和任务等实体实时状态的综合集成以实时更新的配送态势图的形式呈现给决策者。按照任务性质的不同，配送态势可分为紧急任务态势和常规任务态势；按照运输方式的不同，配送态势可分为无人集群态势、运输车队态势等。配送态势的分类情况直接决定了数据信息的抽取与融合模式。配送态势集成能够融合动态数据、监控配送活动、融入后勤综合态势，是信息集成的最终目标。

上述功能需求贯穿了无人配送系统集成体系的各要素、各系统、各层级，要在统筹数据资源、明确运用逻辑的基础上，设计精要、高效、稳定的功能集成架构，为充分挖掘数据资源的潜在价值提供信息化手段与方法。

第三节　无人配送系统集成数据体系

本节将通过对配送管理分系统与无人配送系统的体系结构进行分析，按照无人配送系统集成数据资源的功能与作用对数据资源进行归类及结构标准化处理，构建无人配送系统集成的数据资源体系，并在此基础上构设无人配送系统集成体系内要素系统源数据库的概念结构和逻辑结构，为在无人配送保障决策中开发结构化数据和非结构化数据提供原材料。

一、配送管理分系统数据资源体系

配送管理分系统由配送业务管理分系统、库存管理分系统、组配包装管理分系统、运输管理分系统组成，能够支撑物资配送中决策、调度、监控环节全流程、全过程的信息化管控，是执行配送管理职能的信息化管控平台。配送管理分系统体系结构概念图如图 4 - 6 所示。

由于配送管理分系统的各子系统相互独立，配送业务数据来源多样，本书按照任务与需求、任务规划、配送业务、配送状态与资源状态等信息数据的性质对配送管理分系统的数据资源进行分类，形成配送管理分系统的数据资源体系，其概念图如图 4 - 7 所示。该体系由以下 5 个部分构成。

① 任务与需求数据资源来源于配送业务管理分系统的配送任务、配送资源需求与配送要求的历史数据。该类数据资源主要包括配送任务数据、物资历史需求数据、配送历史需求数据和运力历史需求数据等数据集合。

② 任务规划数据资源是有关配送管理部门进行配送任务整体规划的数据集合。该类数据资源主要包括配送预案数据、任务背景数据、环节方案数据和配送路线数据等数据集合。

③ 配送业务数据资源来源于配送管理分系统内的各子系统，是配送业务事务性数据的集合。该类数据资源主要包括调拨业务数据、分拣业务数据、组配业务数据、配载业务数据和配送运输业务数据等数据集合。

④ 配送状态数据资源来源于运输管理分系统，是有关配送运输状态的记录数据集合。该类数据资源主要包括任务状态数据、运输状态数据和送达反馈数据等数据集合。

⑤ 配送资源数据资源是有关各类配送实体资源实力与编目情况的数据集合。该类数据资源主要包括仓储资源数据、物资资源数据、运输装备数据和集装器具数据等数据集合。

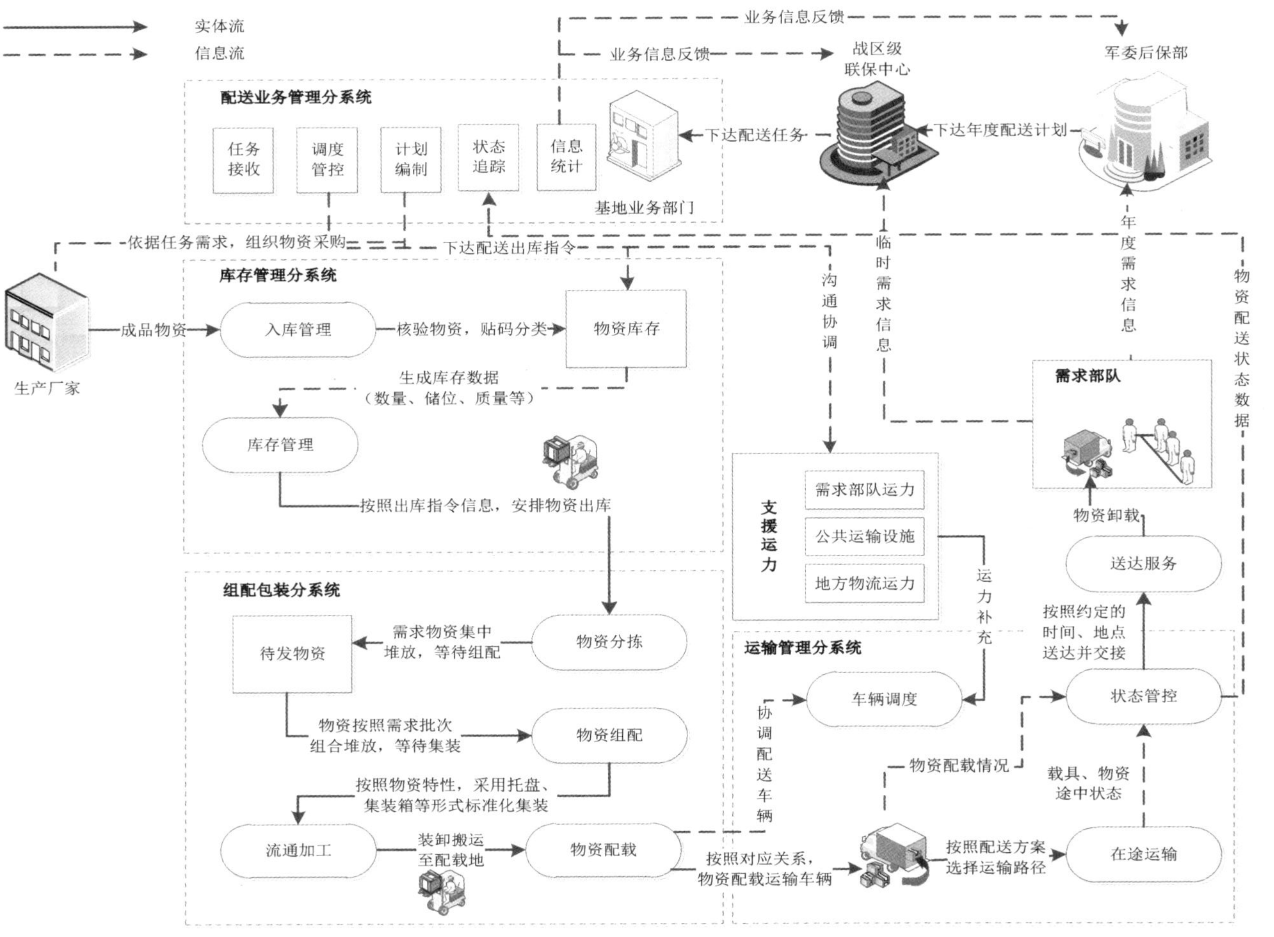

图4－6 配送管理分系统体系结构概念图

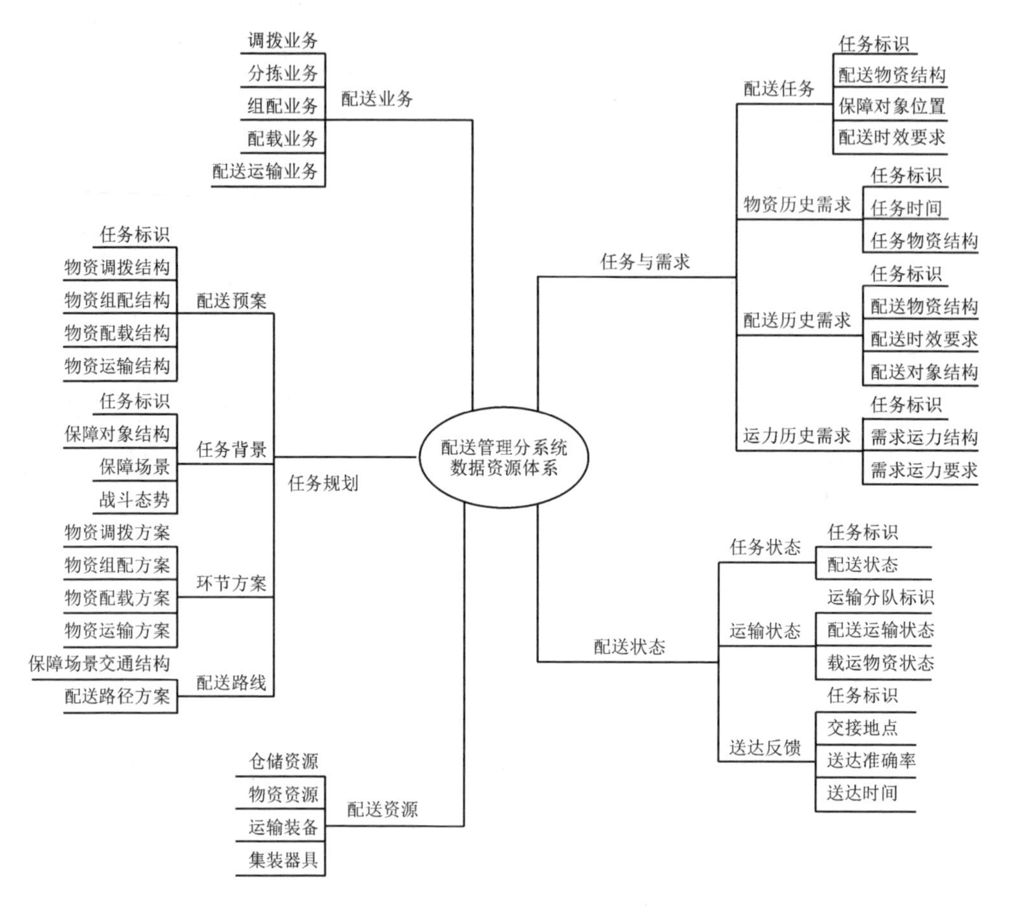

图 4-7　配送管理分系统数据资源体系概念图

二、无人配送系统数据资源体系

无人系统是指无驾乘人员、以自主方式完成预定任务的系统，具有鲜明的军民两用性。就军事物流配送领域而言，无人系统不仅包括无人配送系统，还包括无人仓储系统、无人装卸搬运系统和无人智能化办公系统等，本书所讨论的无人配送系统主要是指将无人运输机、无人运输车、无人运输船（艇）等装备作为运载平台，以现代物流、人工智能、系统科学、控制论、信息论为理论基础，融合了传感器技术、物联网技术、5G通信技术、大数据与云计算技术等，构建具备陆上立体配送运输能力的无人配送系统。无人配送系统的体系架构概念图如图 4-8 所示。

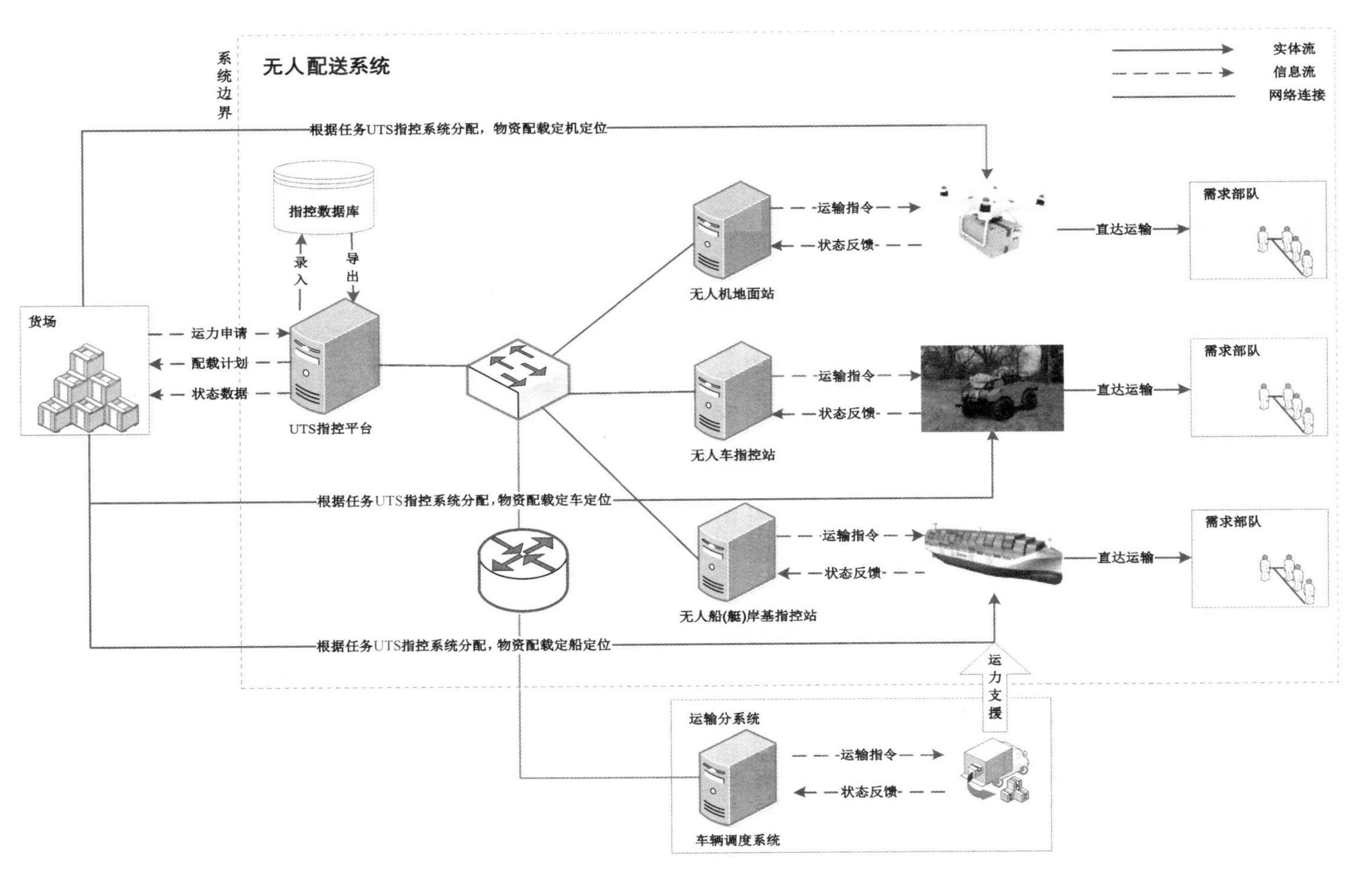

图4-8 无人配送系统体系架构概念图

由于无人运输机、无人运输车、无人运输船(艇)系统各具特殊性,相互独立,各系统在构成要素、通信协议、消息格式等方面差异性较大。就单一系统内部而言,由于装备型号、执行任务特点、通信技术应用各异,尚未建立起统一的信息数据交换标准。因此,对无人配送系统的系统分析应当采取“由局部至整体”的理念,厘清无人运输机、无人运输车、无人运输船(艇)系统的体系结构,掌握局部数据视图,构建全局的数据资源概念视图,即数据资源概念结构图。

(一) 无人运输机系统的数据资源体系

无人运输机系统(Unmanned Aerial Vehicle System,UAVS)由无人运输机、地面站、数据链与挂载单元等要素组成。数据链是地面站与无人运输机通信连接的关键手段,其本质是围绕地面站、无人平台与传感器构建实时交互的信息网络,包含了传输通道、消息标准与通信协议三大要素;运行时,网络节点之间通过约定的通信协议进行快速、高效、标准化的信息交换与处理,支撑信息交互、指控状态监测、运输态势感知等实际功能的实现。本书结合无人机系统数据的功能与作用,从无人运输机指控、载运、状态和公共基础 4 个类别出发,分析并提出无人运输机系统数据资源体系,其概念图如图 4 - 9 所示。该体系由以下 4 个部分构成

① 指控数据分为两类:一是无人运输机系统接收上级系统的运输任务与飞控指令数据;二是地面站向无人运输机发出的航行指令与载荷控制指令数据。

② 载运数据是反映无人运输机载运性能与实际的相关数据,主要包括无人运输机平台自身的载运参数与物资实际装载情况相关数据。

③ 状态数据是无人运输机执行运输任务状态的动态记录数据,主要包括飞行状态数据与运载物资载荷状态数据。

④ 共用数据主要包括物资编目数据、装备编制数据与系统用户注册数据。

(二) 无人运输车系统的数据资源体系

无人运输车系统(Unmanned Ground Vehicle System,UGVS)由无人运输车平台、集群指控系统与通信系统构成,具备感知能力、记忆与思维能力、学习与自适应能力以及行为和决策能力等智能化特征。无人运输车平台由平台本体系统、环境感知系统、定位导航系统、行为决策系统与运动控制系统构成,能够实现完全自动化无人行驶。集群指控系统包含行驶方案规划、集群行动指控、数据采集处理、综合态势显示等子模块,支撑大规模无人运输车集群协同行动,是无人运输车系统的指控中枢。在无人运输车平台与集群指控系统之间,利用 5G、车载电台以及通信卫星等通信手段构建通信系统,实现数据信息的实时传输与共享。

图 4-9　无人运输机系统数据资源体系概念图

在无人运输车系统执行运输任务的过程中，各子系统、子模块产生了大量的事务性数据。本书结合运输模式与无人运输车系统静态、动态数据的性质，提出了无人运输车系统数据资源体系，其概念图如图 4-10 所示。该体系由以下 4 个部分构成。

① 指控数据是与系统指挥控制相关的数据集合，主要包括运输任务数据、路线规划数据与运输指令数据。

② 载运数据包括无人运输车载运平台数据与载运物资数据。

③ 状态数据是有关无人运输车执行运输任务时各要素状态记录的数据集合，包括集群状态、环境感知、行驶状态、物资状态等方面的数据。

④ 共用数据主要包括物资编目数据、装备编制数据与系统用户注册数据。

图 4－10　无人运输车系统数据资源体系概念图

(三) 无人运输船(艇)系统的数据资源体系

无人运输船(艇)系统(Unmanned Surface Vessel System,USVS)由无人运输船(艇)平台、任务载荷系统、岸基系统与船岸通信系统组成。无人运输船(艇)平台由平台本体分系统、动能分系统、感知分系统与控制分系统组成,是不同运输任务的基础搭载平台。任务载荷系统是指为无人运输船(艇)平台完成特定任务而配备的仪器装置、伺服机构以及设施设备。执行运输任务时,任务载荷一般为自动化物资存储单元与装卸搬运装备。岸基系统为单一无人运输船(艇)或集群的指控中枢,具有航行指令发出、航行全程监控、航行数据分析等功能。岸基通信系统则在船—岸之间基于物联网技术构建数据采集、传输与处理网络,实现船—岸信息数据的实时交互。本书结合运输任务的实际特点，以无人运输船(艇)系统的组成要素为单元，通过分析无人运输船的指控机理，提出了无人运输船(艇)系统数据资源体系，其概念图如图 4-11 所示。

图 4-11　无人运输船系统数据资源体系概念图

无人运输船(艇)系统数据资源体系与无人运输机系统、无人运输车系统总体相似，具体包括以下 4 个部分。

① 指控数据主要包括岸基系统接收的运输任务数据、无人运输船(艇)平台接收的航行指令与载荷指令数据，以及无人运输船(艇)平台子系统接收的系统控制数据。

② 载运数据与无人运输机系统和无人运输车系统数据资源体系中的载运数据有所区别，无人运输船(艇)系统数据资源体系中的载运数据除包含平台本体运载属性数据与载运物资数据外，还包含载荷装备的载运属性数据，即自动化物资存储单元的容量数据与装卸搬运装备的作业能力数据。

③ 状态数据主要包括采集记录的航行状态数据、物资状态数据与环境状态

数据。

④ 共用数据主要包括物资编目数据、装备编制数据与系统用户注册数据。

综合上述构建的无人配送系统数据资源体系，本书进一步按照数据的功能与作用规整同类数据，保留专用数据，提出了无人配送系统数据资源体系概念结构，如图 4－12 所示。

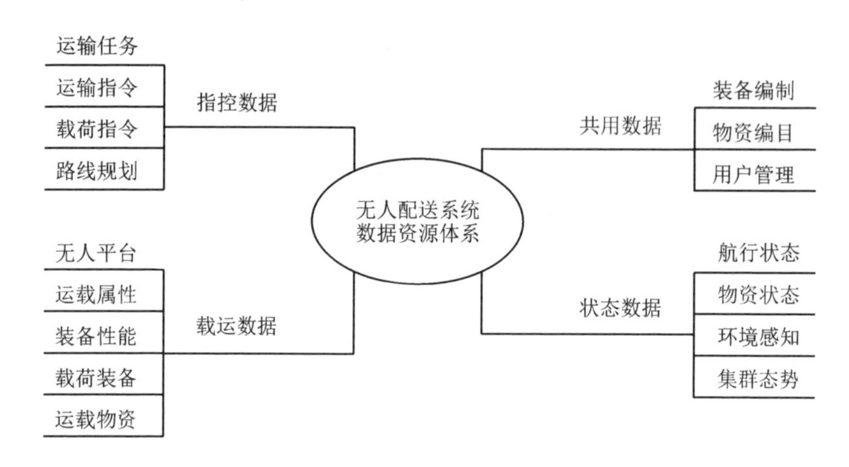

图 4－12 无人配送系统数据资源体系概念结构

无人配送系统数据资源总体分为指控数据、载运数据、状态数据和共用数据 4 类，单个子数据资源类别包含了无人运输机系统、无人运输车系统和无人运输船(艇)系统中所属该类别的所有数据。同时，子系统数据在按照映射关系汇聚的过程中，保留了自身的数据源路径，支持系统在运行时能够精确定位与访问。

三、无人配送系统集成数据资源体系

(一) 无人配送系统集成数据资源体系概念结构

本书基于现有无人配送系统与配送管理分系统数据体系结构，从业务运行的整体视角出发，采用数据聚类与组合的方法，构建无人配送系统集成数据资源体系，其概念图如图 4－13 所示。该数据资源体系中包含了无人配送系统集成体系要素活动所涉及的各类基础数据，作为后续数据资源开发与集成应用的“数据资源池”。

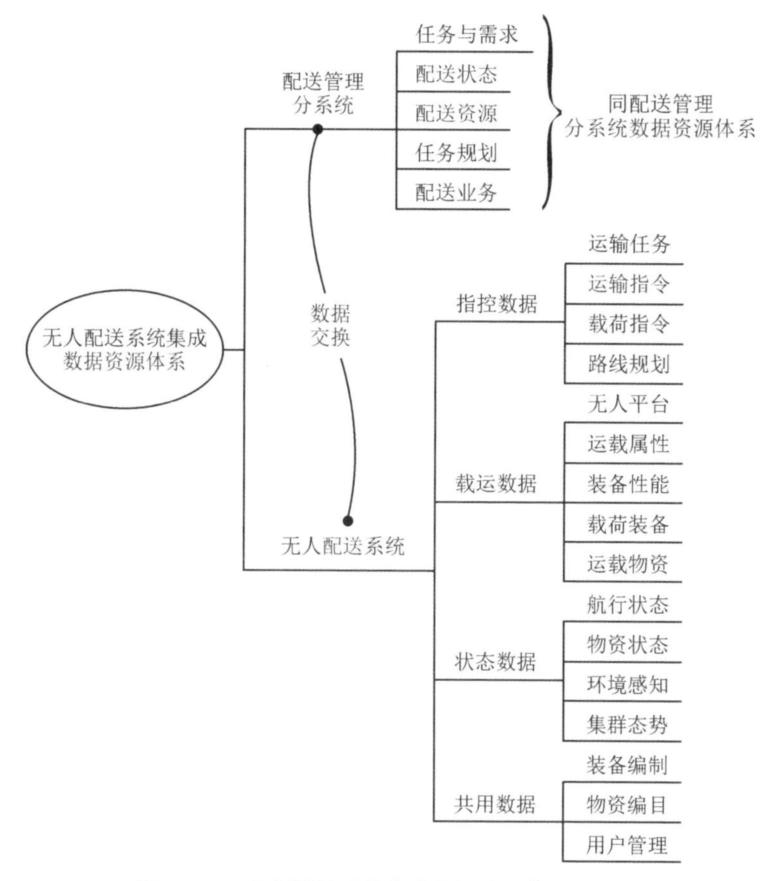

图 4-13　无人配送系统集成数据资源体系概念图

（二）无人配送系统集成业务数据流

本书在无人配送系统集成数据资源体系基础上，通过对无人配送系统集成的业务工作流程与其数据资源的关系加以分析，提出了无人配送系统集成体系的要素业务数据流，如图 4-14 所示。

四、无人配送系统集成源数据概念模型

本书通过对无人配送系统集成数据资源体系与业务数据流的分析，设计出了无人配送系统集成体系的源数据库概念结构模型。配送管理分系统源数据库概念结构模型如图 4-15 所示。

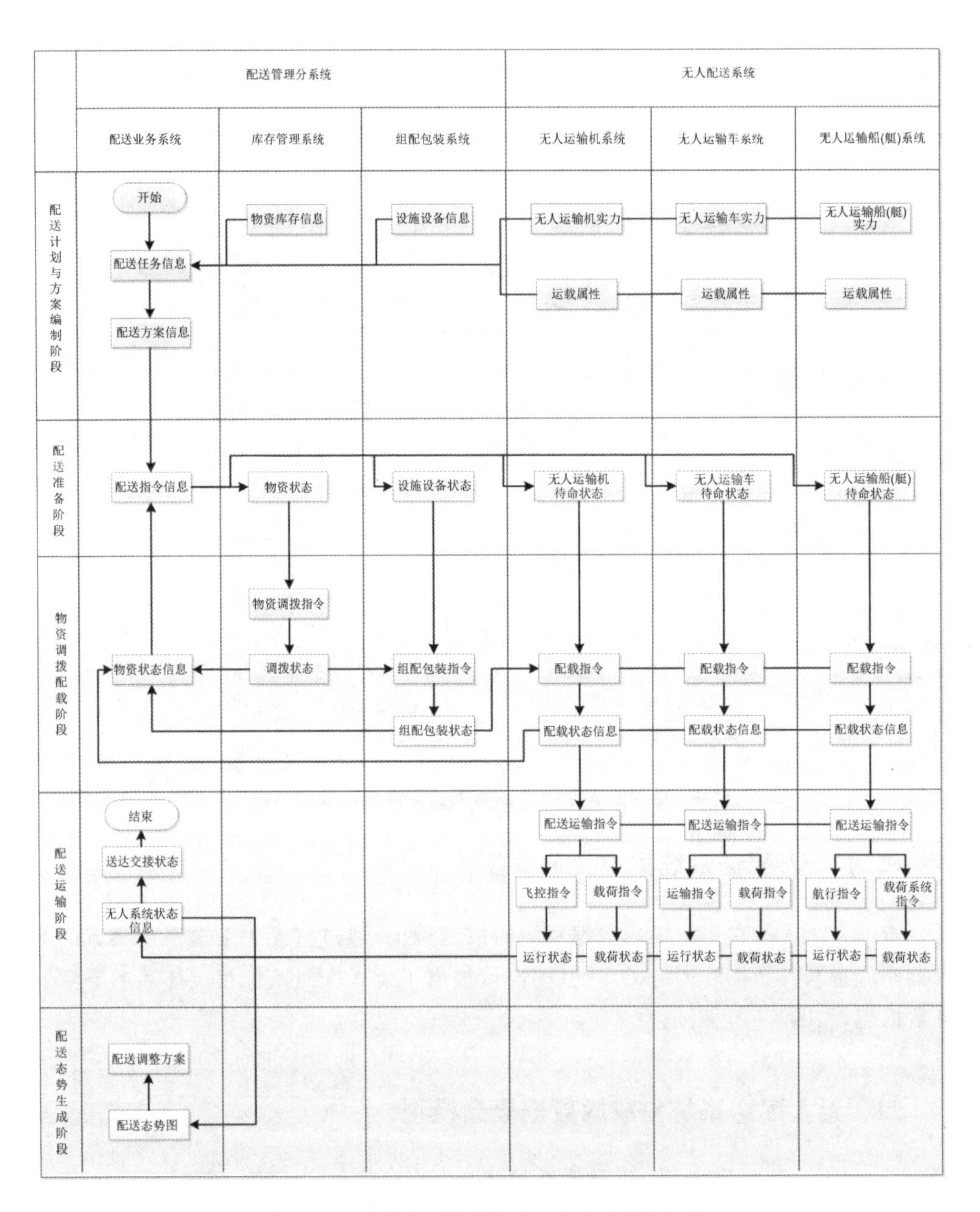

图 4－14　无人配送系统集成体系业务数据流

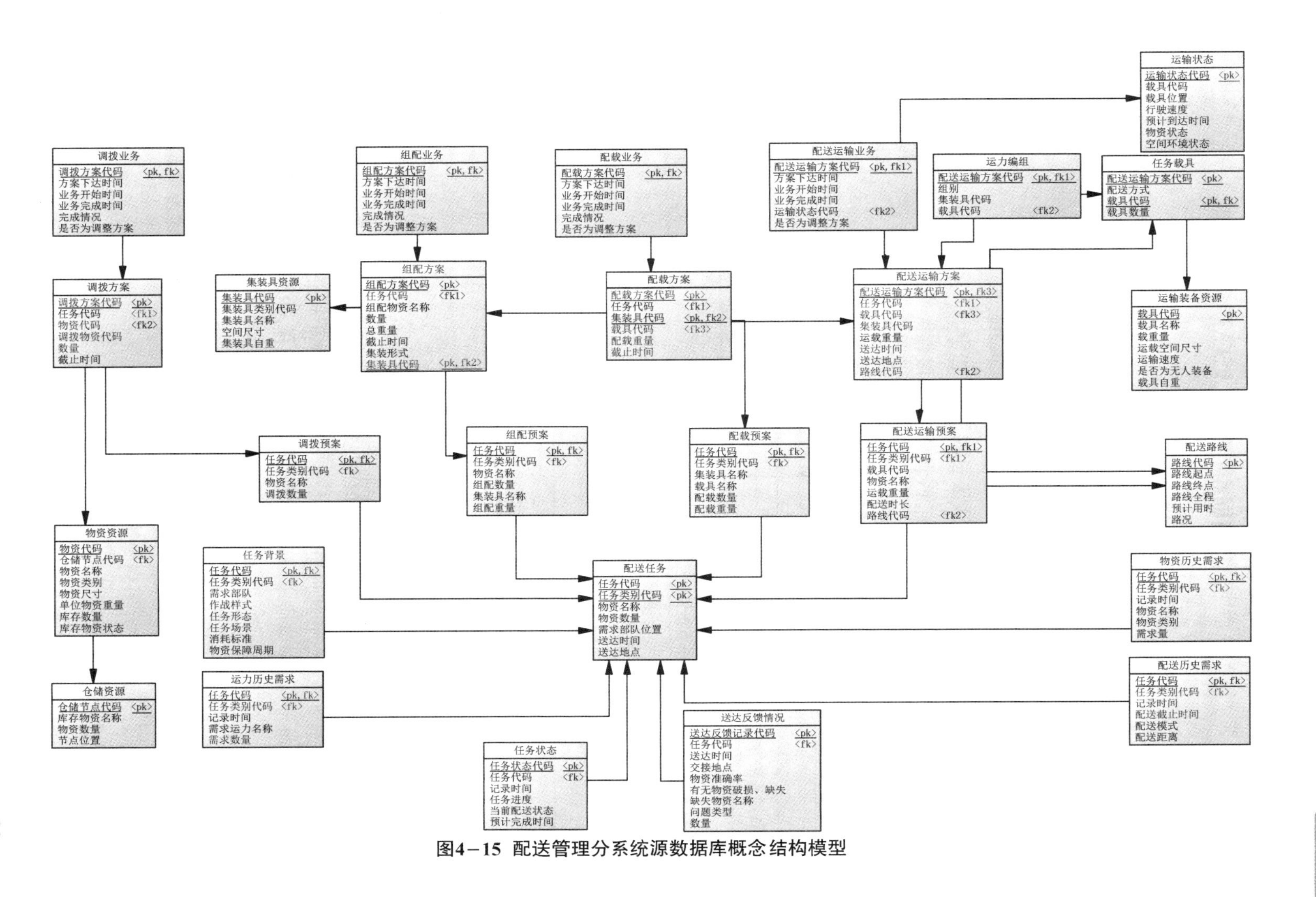

图4－15 配送管理分系统源数据库概念结构模型

由于无人配送系统各子系统数据体系构成相似，这里以无人运输机系统为例，描述无人配送系统源数据库概念结构模型，如图 4－16 所示。

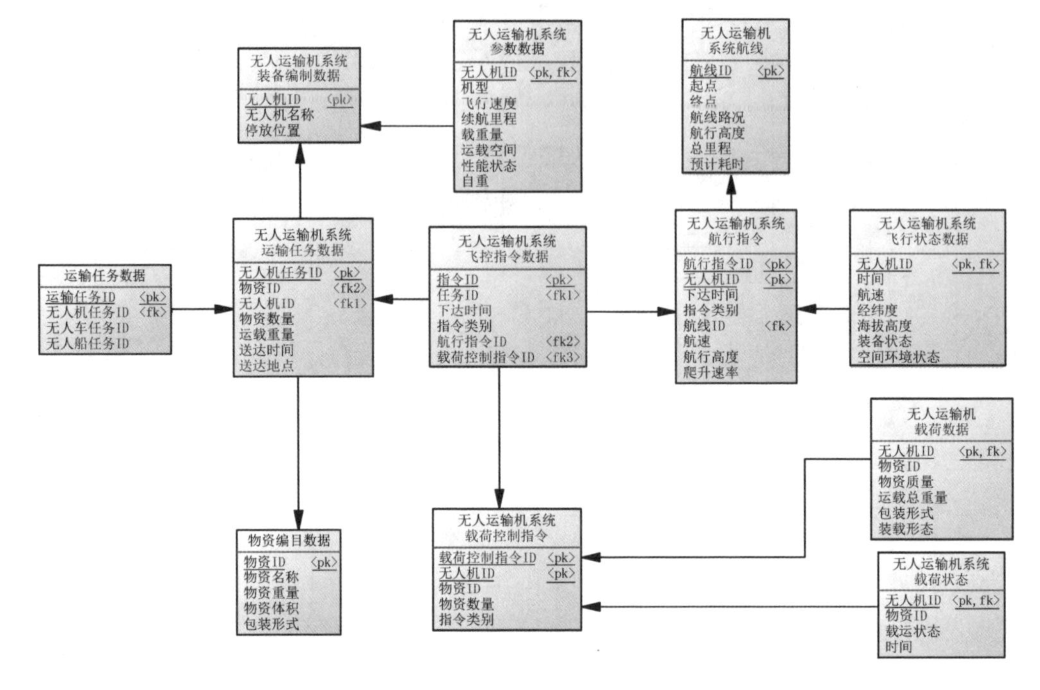

图 4－16　无人配送系统源数据库概念结构模型

第四节　无人配送系统集成决策主题

主题是在较高的层次上将系统数据资源加以综合、分类与分析利用的抽象概念，每一个主题对应某类需要分析决策的问题，例如，配送行动中无人机、无人车、无人船(艇)等运输装备的编组问题，可归类为“配送方式选择”主题，以此主题为牵引，聚合无人装备参数、配送任务以及配送环境等相关数据，这就是面向决策主题的信息组织方式。本节将围绕无人配送保障的决策、管理、行动等核心问题及其数据需求，划分无人配送系统集成体系的决策主题，确定拟抽取与汇聚的与决策主题相关的业务系统源数据集。

一、无人配送系统集成决策功能构成

本书通过对无人配送系统集成体系中各要素决策主题需求进行实际调研与综合考量，围绕无人配送系统集成体系的3个类别、3个环节、3种配送要求来划分配送决策主题。“3个类别”指无人配送预测、优化与评估；“3个环节”指物资储备（预置预储）、组配与配载、装载与运输，即“储、配、运”；“3种配送要求”指配送迅捷性、精确性和适应性。配送决策主题划分情况如图4-17所示。

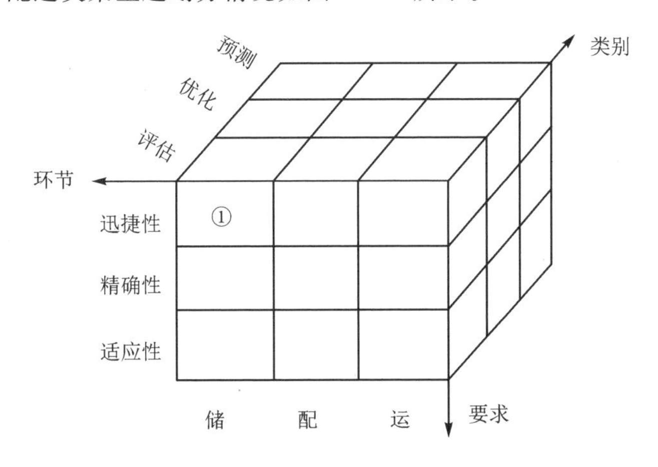

图4-17 无人配送系统集成体系的配送决策主题划分

图4-17中，每一个单一的立方体即代表一个具体的决策主题，图中的方块①即代表“物资储备-迅捷性-评估”主题。本书根据无人配送决策需求及数据资源构成，提出无人配送系统集成体系的决策主题清单，如表4-1所列。

表4-1 无人配送系统集成体系决策主题表

主题域	核心主题	内容描述
需求预测	物资需求预测	分析特定场景任务的历史需求数据，预测未来的物资需求量
	配送需求预测	分析历史配送任务数据，预测物资配送量、配送时间、配送方式等要求
	运力需求预测	分析历史数据，预测本次配送所需要的载具类别、数量等信息
组配优化	物资组配优化	分析物资、集装具参数数据，优化物资分拣、包装、集装的方式
配载优化	物资配载优化	分析物资、集装具尺寸与载具运载空间参数，优化物资的配载方案
配送运输优化	配送方式选择	分析无人装备、配送任务及环境方面的数据，确定最优物资配送方式
	运力编组优化	分析无人装备实力、配送优先级等方面的数据，优化运力编组
	配送路线优化	分析配送任务、无人装备属性与路线方面的数据，选择最优配送路线

续表 4-1

主题域	核心主题	内容描述
配送综合效能评估	综合迅捷性评估	分析无人配送系统集成体系业务的时间记录数据，评价配送各环节的迅捷性
	综合精确性评估	分析运行记录、配送反馈等信息，评价配送方案、行动的精确性
	综合适应性评估	分析配送环境、指令变化等产生的影响，评价行动的适应性

二、无人配送决策主题数据资源体系

数据集成是将多源异构的数据资源面向某个或某些特定的目标服务加以组织与管理的理念。无人配送系统集成数据资源的组织形式，就是将无人配送系统集成体系内各要素、各系统、各环节的数据资源汇聚在各个决策主题之下，实现信息数据的聚集，支持后续对数据资源的开发与应用。

本书基于无人配送系统集成体系决策主题清单，研究提出了无人配送决策主题数据资源体系的框架结构，如图 4-18 所示。

该框架结构根据 11 个主题的内容描述，将配送管理分系统与无人配送系统中的相关数据库表汇聚形成配送决策主题库。配送决策主题库将源数据表按照类别、相似性进行了合并，是支持后续数据资源开发及功能实现的集约化设计。例如，配送方式选择主题下的运力资源数据维度表，由运输车、运输机、运输船(艇)等传统运输装备实力数据(配送管理分系统—运输分系统—运输装备编配数据)以及无人机、无人车、无人船(艇)等无人装备实力数据(无人配送系统—装备编配数据)聚合形成，为生成配送方式解决方案提供支持性数据资源。

三、无人配送决策主题的多维结构模型

通常，决策主题需要运用“数据仓库”模式进行数据资源开发，形成支撑高层决策的多维分析，而多维分析对应多维数据库表。数据仓库的多维数据库表由事实表与维度表构成(至少有 1 个事实表，且必须有时间维度)，是面向决策主题组织的数据库表集。根据无人配送系统集成体系的决策主题，在数据资源集成结构的基础上，可采用星型模式、雪花模型与事实星座模型针对各个主题的多维数据库表设计出逻辑结构模型，支持物理结构模型构设。

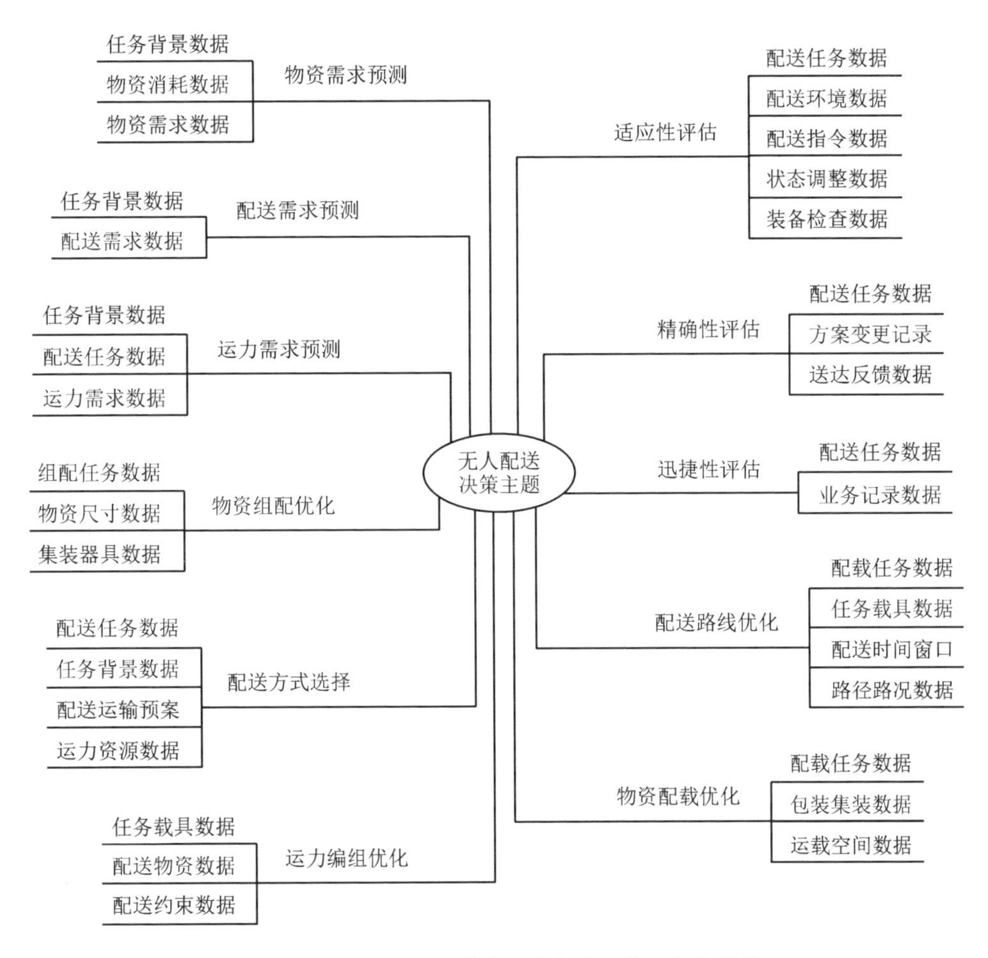

图 4-18 无人配送决策主题数据资源体系框架结构

(一) 物资需求预测多维逻辑结构模型设计

物资需求预测结构包括时间、物资、需求部队与消耗标准等维度，如图 4-19 所示。

(二) 配送需求预测多维逻辑结构模型设计

配送需求预测结构包含时间、物资与需求部队等维度，如图 4-20 所示。

(三) 运力需求预测多维逻辑结构模型设计

运力需求预测结构包含时间、无人装备与需求部队等维度，如图 4-21 所示。

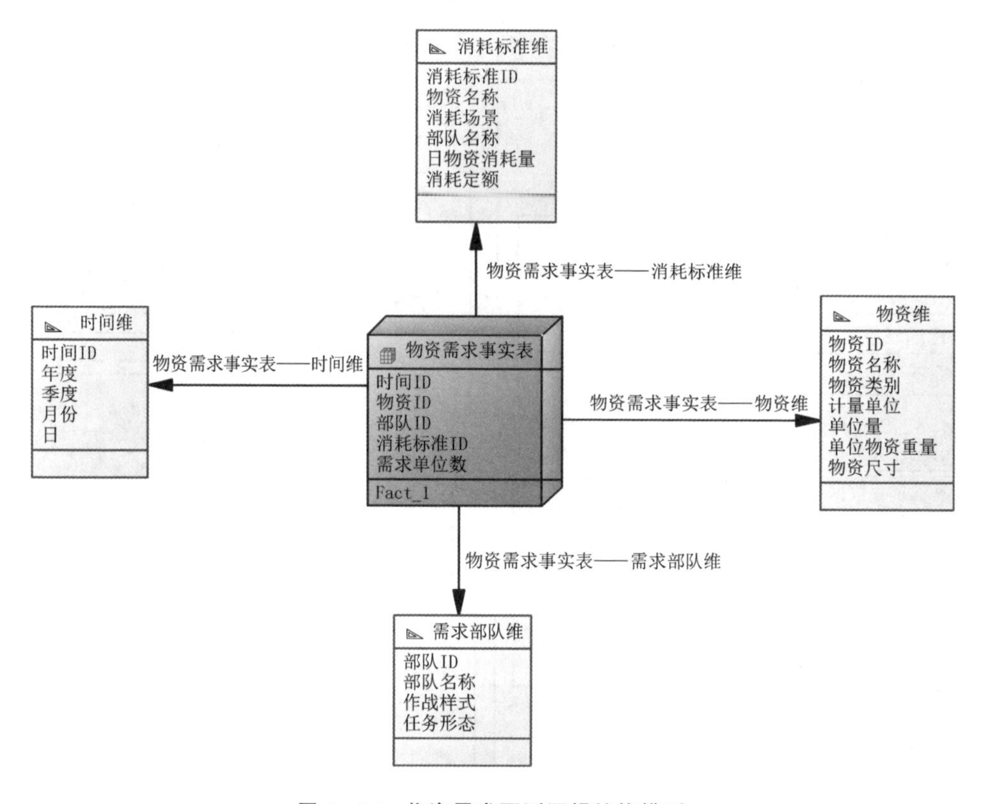

图 4-19　物资需求预测逻辑结构模型

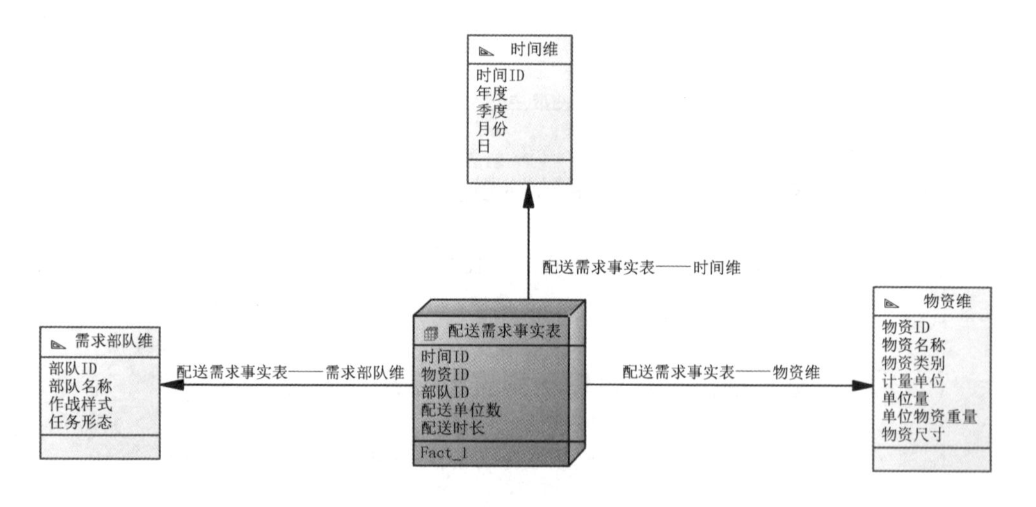

图 4-20　配送需求预测逻辑结构模型

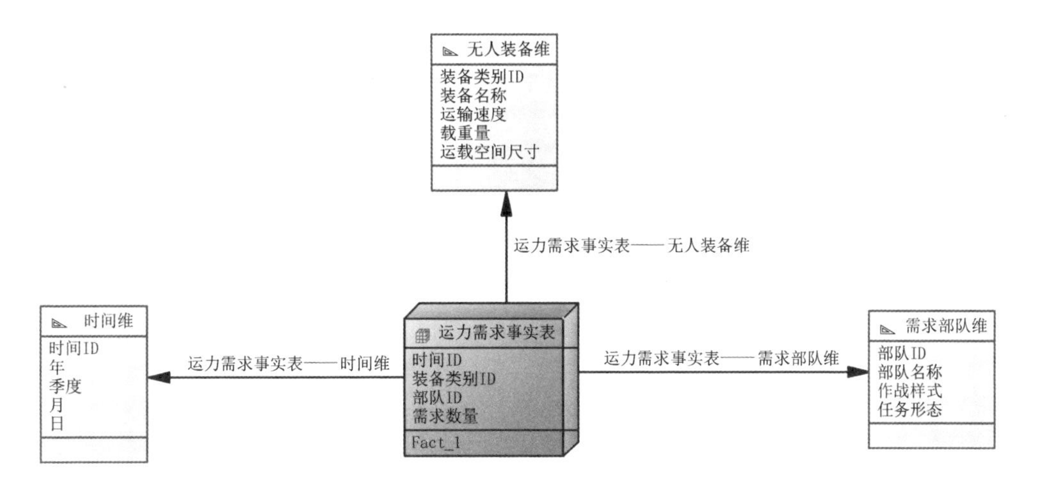

图 4-21 运力需求预测逻辑结构模型

(四) 配送方式选择多维逻辑结构模型设计

配送方式选择结构包括时间、需求部队、物资与无人装备等维度,如图 4-22 所示。

(五) 物资组配优化多维逻辑结构模型设计

物资组配优化结构包括时间、物资与集装具等维度,如图 4-23 所示。

(六) 物资配载优化多维逻辑结构模型设计

物资配载优化结构由无人装备选择事实表与配载任务事实表构成,包括时间、无人装备、集装具、物资与任务等维度,如图 4-24 所示。

(七) 运力编组优化多维逻辑结构模型设计

运力编组优化结构包括时间、无人装备与任务等维度,如图 4-25 所示。

(八) 配送路线优化多维逻辑结构模型设计

配送路线优化结构由路线选择事实表与配送方式选择事实表构成,包括时间、任务、路线与无人装备等维度,如图 4-26 所示。

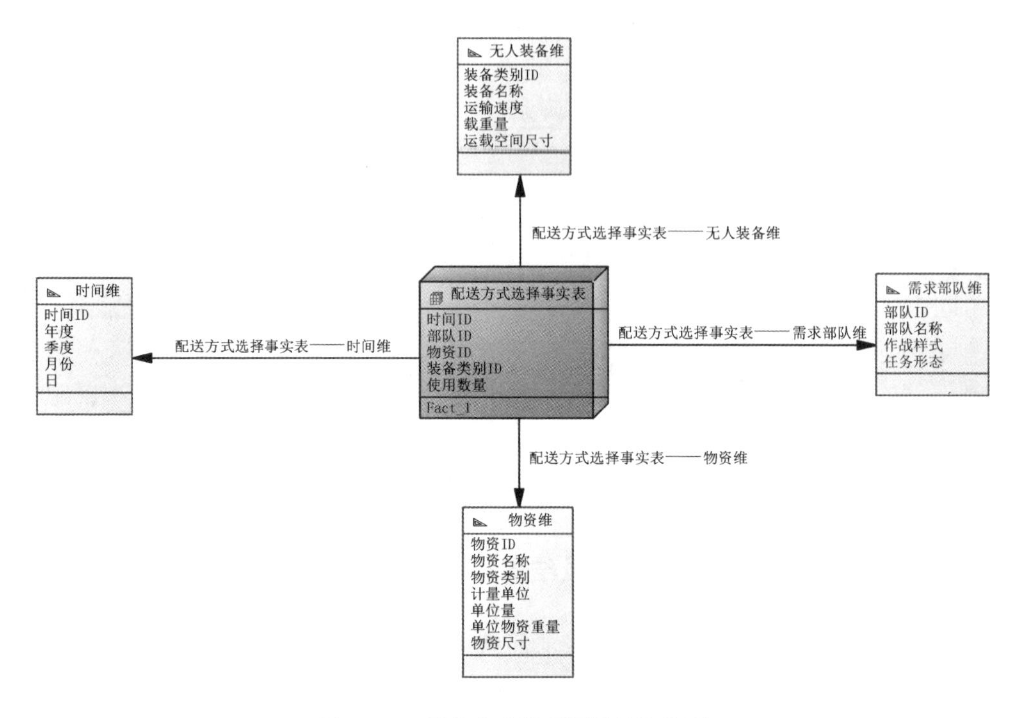

图 4-22　配送方式选择逻辑结构模型

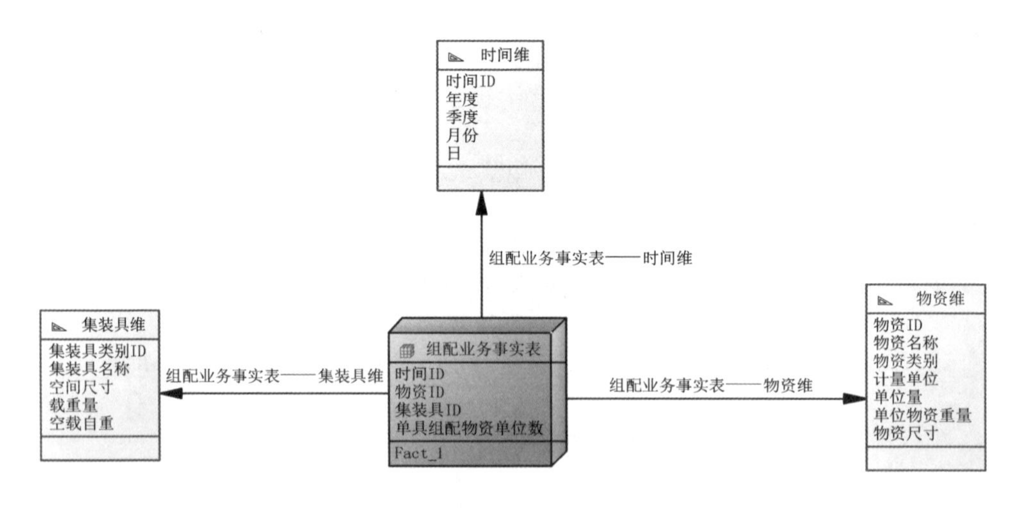

图 4-23　物资组配优化逻辑结构模型

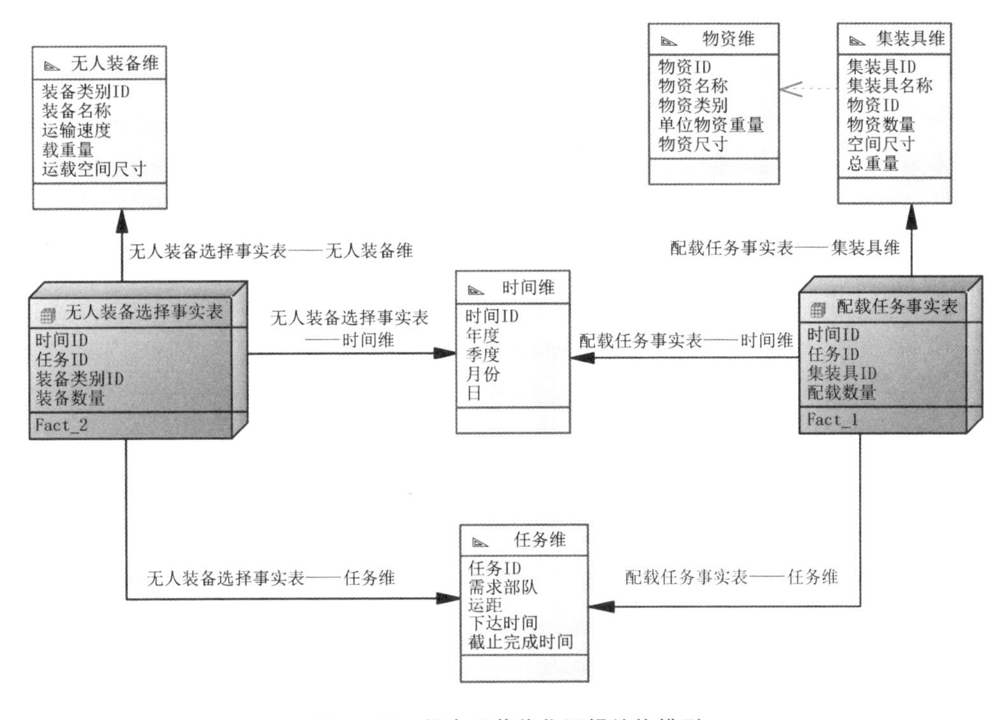

图 4-24　物资配载优化逻辑结构模型

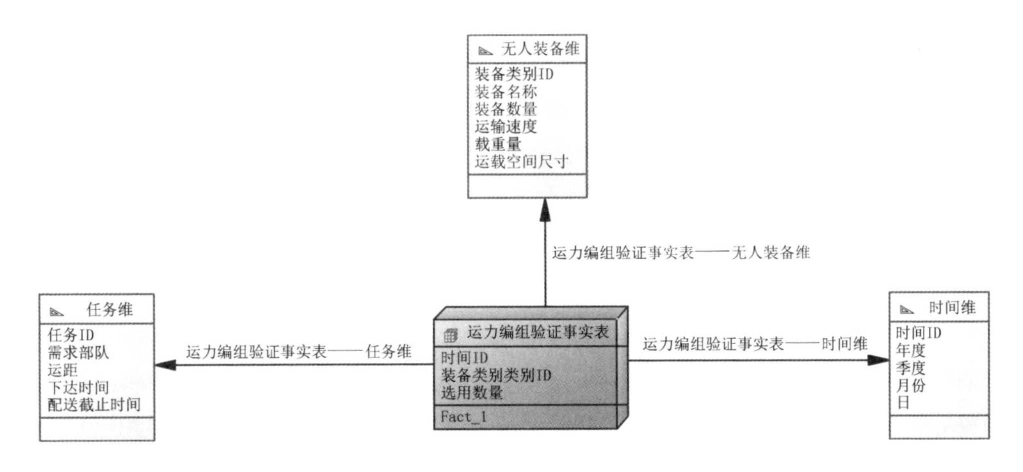

图 4-25　运力编组优化逻辑结构模型

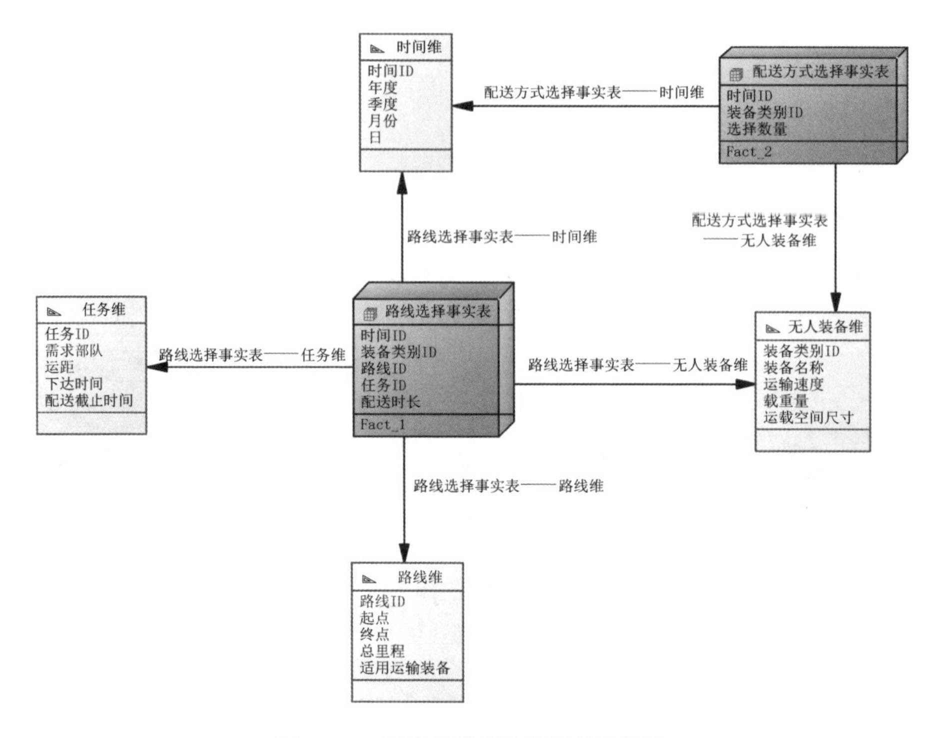

图 4－26　配送路线优化逻辑结构模型

(九) 迅捷性评估多维逻辑结构模型设计

迅捷性评估结构包括时间、无人装备与任务等维度，如图 4－27 所示。

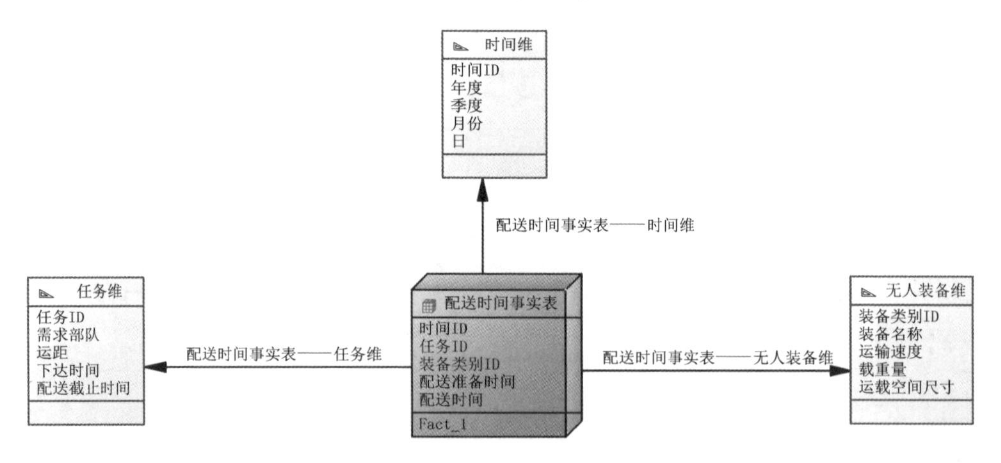

图 4－27　迅捷性评估逻辑结构模型

（十）精确性评估多维逻辑结构模型设计

精确性评估结构由送达反馈事实表与配送方案变更事实表构成，包括时间、任务与物资等维度，如图 4－28 所示。

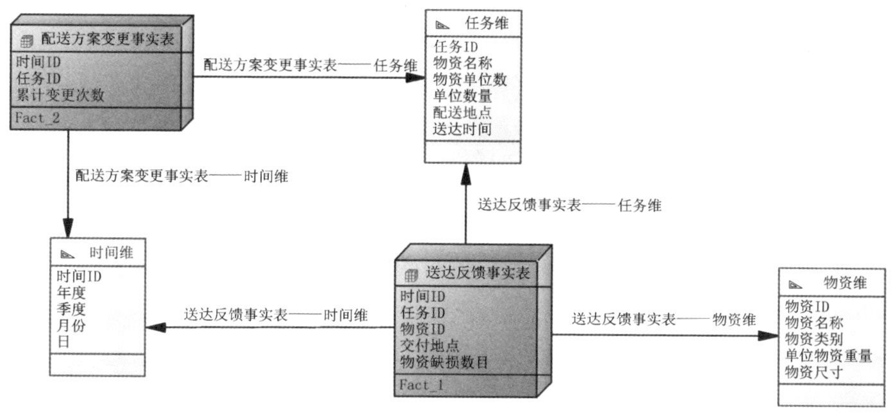

图 4－28　精确性评估逻辑结构模型

（十一）适应性评估多维逻辑结构模型设计

适应性评估结构由装备性能事实表与配送状态事实表构成，包括时间、配送任务、无人装备、指令、路线与环境等维度，如图 4－29 所示。

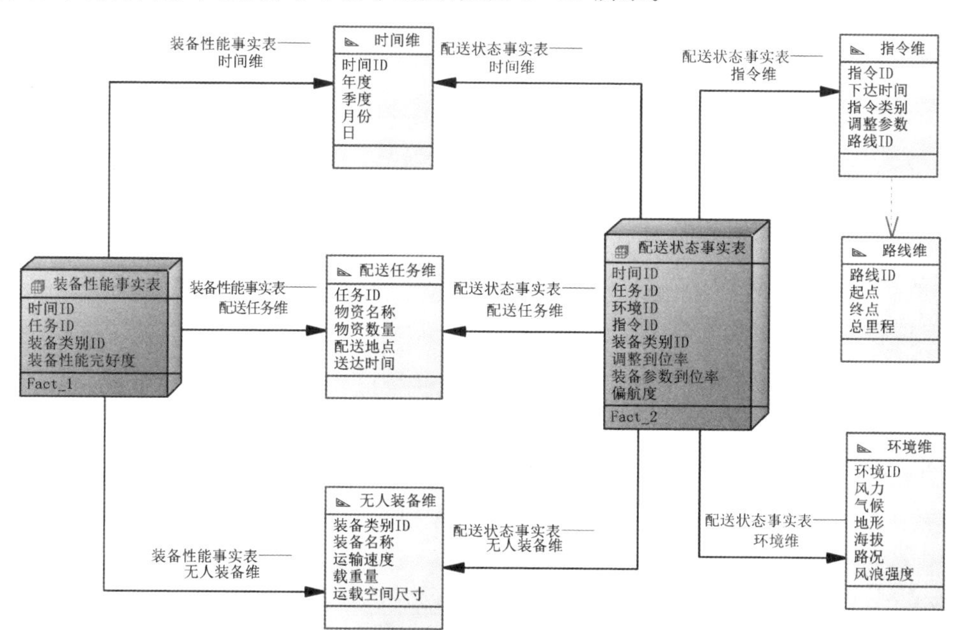

图 4－29　适应性评估逻辑结构模型

第五章　无人配送系统集成体系结构设计

对无人配送系统集成体系结构的设计为信息化智能化局部战争背景下的新域新质无人配送系统集成应用能力生成奠定了基础。无人配送系统本质上是通过信息聚合生成科学解决方案，进而完成系统各要素、各环节、全过程的集成，其基础是数据资源共享。本章围绕无人配送系统数据资源体系，展开对无人配送系统集成体系中网络集成架构和功能集成结构设计的讨论，为特殊场景下无人配送系统集成体系应用提供支撑。

第一节　无人配送系统集成体系概要

本节将立足于无人配送系统的特殊应用场景，明确研究对象及其定位，概要描述无人配送系统集成体系的设计特点，进而提出无人配送系统集成体系架构。

一、无人配送系统集成体系定位

无人配送系统集成体系的设计定位是对无人配送系统集成体系要素活动中涉及的各类信息数据进行采集、处理、存储，并按照无人配送系统集成体系的决策主题，进行配送数据资源开发与应用，是未来开展智能无人配送建设与运用的综合集成平台体系。

1. 用户定位

部队开展无人配送系统的试点应用和集成探索，聚焦无人配送系统集成体系的信息化管控手段，定位于战役级物资保障实体，为其指挥机构提供体系内要素活动的解决方案，比如，基于决策主题的多维数据库智能生成无人运输方案编组、无人运输装备配载、无人配送运输路径方案等。

2. 系统定位

无人配送系统集成体系在军事物流信息系统（含配送管理分系统）、专业勤务信息系统和无人配送系统(主要是无人运输系统)的基础上,关联汇聚无人配送系统体系内要素系统的共用数据资源,为决策提供科学的解决方案,支撑无人配送系统的实体行动。

3. 功能定位

无人配送系统集成体系主要解决由于信息数据自治性与异构性导致的配送管理分系统与无人配送系统之间信息交互对接、数据存储、数据关联与态势显示等现实问题,满足业务对接的需求。同时,针对各决策主题模块,系统利用相关模型进行配送数据分析,生成配送决策知识与推荐方案。

4. 网络环境

网络运行环境为基于 VPN 技术的专用网络,并借助 LOGINK 平台的数据交换服务功能,构设军事物流配送网络内安全的数据传输通道,解决军事物流配送系统内的密级事务性数据的交换与共享。

二、无人配送系统集成体系特点

无人配送系统集成体系的本质是为解决无人配送系统集成体系内各要素活动产生的“数据孤岛”问题,特别是动态数据在这方面的问题。参照相关集成标准要求,无人配送系统集成体系设计应满足开放性、结构化、时代性和标准化 4 点要求。

1. 开放性

无人配送系统集成体系结构设计是以数据集成的技术理念为基础,需要具备对接各类业务系统、规整数据资源的技术能力,实现该目标的前提是必须具备开放性,按需定制扩充数据集成接口。其内涵有两点:针对不同业务系统的数据结构特点,要科学设置上载与下推数据接口,首要是明确数据的元标准和主数据,最大程度地满足数据交互对接的需求,支撑基础业务运行;平台应当具备一定的业务扩展能力,当其他外部业务系统需要接入时,可通过特定或快速定制接口接入无人配送系统集成体系。

2. 结构化

无人配送系统集成体系涉及较多上下游的业务系统,因此,无人配送系统集成体系结构设计要基于模块独立原理,采用结构化设计方法,进行无人配送系统集成体系模块结构和网络结构的科学化,加强结构体系的柔性。

3. 时代性

无人配送系统集成体系发挥效能,需要处理海量不同格式、不同结构、不同状态的配送保障数据,这就需要运用数据决策思维和集成智能装备技术来提升无人配送系统集成体系的建设理念、装备技术的时代性。

4. 标准化

无人配送系统集成体系的标准化主要体现在无人配送业务流程标准化、数据流标准化、数据资源标准化等，是无人配送系统集成体系设计满足开放性、结构化、时代性的基础支撑。

三、无人配送系统集成体系框架

本书基于无人配送系统集成体系结构设计特点和场景用户定位，参照军事物流信息系统体系架构，构建出了无人配送系统集成体系结构。系统按照自下而上分层设计，区分为设备标准支撑层、信息网络层、数据资源层、数据集成层、功能应用集成层以及上/下游系统，其概念图如图 5－1 所示。

1. 设备标准支撑层

该层兼容军事物流信息系统的装备技术标准，由无人配送系统集成体系相关信息技术设备及技术标准构成，主要包括物联网数据传感器、RFID 及条码技术、数据专用接口，以及与军事配送相关的信息技术标准，实现对系统底层数据的感知、采集与记录，同时为系统体系结构的整体构建提供标准化的技术框架。

2. 信息网络层

该层是借助基于 VPN 技术的专用网络自上而下构设无人配送系统集成体系内要素系统之间的数据流转加密安全通道，是无人配送系统集成体系内要素系统实现信息数据传输、网络通联的基本保证，主要依托基于 VPN 技术的专用网络，专用网络主要包括战场骨干网、综合接入网、战术应用网，并与互联网、物联网、移动通信网、北斗卫星导航系统（BDS）等网络进行加密互联。

3. 数据资源层

数据资源层是来自无人配送系统集成体系内要素系统的数据资源（源数据）和数据库管理系统（Database Management System，DBMS；比如 SQL 数据库、NoSQL 数据库），主要包括数据字典、静态数据、动态数据和 DBMS。该层是无人配送系统集成体系的数据资源基础。

4. 数据集成层

数据来自数据资源层。该层是部署在数据资源层之上的数据处理模块，由 LOGINK 平台、云存储空间及数据仓库构成，根据数据资源集成策略方法，三者协同运行，实现底层配送数据资源交换、汇聚与开发的数据集成流程，并为功能应用集成

上游系统	无人配送运输管控系统（配送任务管理、保障预案制定、配送方案制定、配送数据开发）；军事物流信息系统（计划子系统、采购子系统、仓储子系统、运输子系统、信息中心）；联合作战一体化指挥平台
功能应用集成层	配送业务对接（配送任务接收、配送指令下达、配送状态交互、业务安全监控）；配送数据治理（配送数据采集、数据预处理、分类及编码、集中式存储）；配送数据开发（集成主题规划、集成数据显示、可视化处理、分析与挖掘）
数据集成层	LOGINK平台（交互）（统一身份认证、数据交互接口、数据元及报文标准）；云存储空间（集中分类存取）（任务数据、资源数据、状态数据、…、方案数据）；数据仓库（关联与聚合）（ETL工具、多维模型、数据集市、数据分析工具）
数据资源层	无人配送源数据相关要素：数据字典、静态数据、动态数据、DBMS
信息网络层	后勤虚拟专用网络(VPN)：互联网、物联网、移动通信网、BDS卫星网络、战场骨干网、综合接入网、战术应用网、其他形式网络
设备标准支撑层	无人配送相关信息技术设备及技术标准：物联网数据传感器、RFID及条码技术、数据专用接口、军事配送相关信息技术标准
下游系统	无人配送系统、配送管理分系统、其他战术级配送业务管理系统、地方物流系统

图 5-1 无人配送系统集成体系结构概念图

层提供可开发的数据资源。

5. 功能应用集成层

根据前述章节的功能集成需求点，以数据集成层提供的决策主题数据资源为牵引展开功能模块设计，包括配送业务对接、配送数据治理与配送数据开发三大功能，以实现数据驱动对无人配送系统集成体系要素活动的精确管控。

6. 上/下游系统

上/下游系统是无人配送系统集成体系的“前台”“后台”系统。根据前述章节体系定位，下游系统主要包括无人配送系统、配送管理分系统、其他战术级配送业务管理系统以及地方物流系统，上游系统主要包括无人配送运输管控系统、军事物流信息系统、联合作战一体化指挥平台，本书研究的“无人配送系统集成体系”是上/下游进行共用数据、决策主题数据汇聚与处理的“枢纽”。

第二节　无人配送系统集成数据规整

本书根据无人配送系统集成体系结构内数据集成层的功能和作用，基于LOGINK平台标准设计数据交互接口，依托云存储及数据仓库的技术体制，对数据集成层的具体模块进行设计，实现无人配送系统集成体系要素系统之间的数据交互与处理功能。

数据集成层的核心要素可以被概括为“1套标准，1个接口，3个模块”，其中，“1套标准”指数据交互基础标准，“1个接口”指数据交互接口，“3个模块”指数据预处理模块、数据存取模块、数据关联与聚合模块。

一、数据交互基础标准

数据资源标准是无人配送系统集成体系信息数据采集、存储、交换以及利用的基础性标准，主要标准包括无人配送系统集成体系数据元、代码以及相关电子单证。本书参照LOGINK平台交换标准元数据和单证要求，提出无人配送系统集成体系数据资源标准。

(一) 配送数据元

本书参照军事物流信息技术标准，依据国家/行业标准《交通运输物流信息交换 第1部分：数据元》(JT/T 919.1—2014)，抽取提出了无人配送系统集成体系数据元表，见附录。

(二) 配送单证

配送单证是军事物流系统的单证之一，包括仓储单证和运输单证。

配送单证电子化是无人配送系统集成体系业务发展的必然趋势，也是未来军事行动物资保障的基本要求。基于LOGINK平台的相关电子单证标准(JT/T919.2—2014、JT/T919.3—2014)设计了无人配送系统集成体系要素活动中与物资的储存、组配、配载与运输等环节相关的电子单证报文结构与XML定义，电子单证主要包括保障指令(指示)、物资组配单、物资配送单、运力调度单与配送状态反馈单等。

电子单证报文由报文头与报文体构成，其中，报文头由参考号、单证名称、报文版本号、发送方代码、接收方代码、发送日期时间与报文功能代码7个数据元构成，如表5－1所列。

表5－1 无人配送系统集成体系电子单证报文头

序 号	报文层	分类编号	中文名称	约束/出现次数	数据类型
1	1		根	1..1	
2	2		报文头	1..1	
3	3	WL0000062	报文参考号	1..1	an..35
4	3	WL0100000	单证名称	1..1	an..35
5	3	WL0000052	报文版本号	1..1	an..17
6	3	WL0900813	发送方代码	1..1	an..20
7	3	WL0900817	接收方代码	1..1	an..20
8	3	WL0200863	发送日期时间	1..1	n14
9	3	WL0100225	报文功能代码	0..1	an..3
10	2		报文体	1..1	

1. 物资保障指令(指示)

物资保障指令(指示)报文体数据元包括作业单号、仓库类型、物资名称、物资代码、数量等，如表5－2所列。

表5－2 物资保障指令(指示)报文体

序 号	报文层	分类编号	中文名称	约束/出现次数	数据类型
1	3	WL0100812	作业单号	1..1	an..50
2	3	WL0100000	单证名称	1..1	an..35
3	3		仓库信息	1..1	
4	4	WL0300156	野战仓库	1..1	an..256
5	4	WL0300946	仓库类型	1..1	an..35
6	4		物资信息		
7	5	WL0700002	物资名称	1..1	an..512
8	5	WL0700085	物资代码	0..1	an..3
9	5	WL0600060	数量	1..1	an..35

2. 物资组配单

物资组配单报文体数据元包括作业单号、集装形式、集装箱代码、物资名称、物资代码、包装数量等，如表5－3所列。

表 5-3　物资组配单报文体

序　号	报文层	分类编号	中文名称	约束/出现次数	数据类型
1	3	WL0100812	作业单号	1..1	an..50
2	3	WL0100000	单证名称	1..1	an..35
3	3		集装具信息	1..1	
4	4	WL0800884	集装箱代码	0..1	an..12
5	4	WL0800890	托盘代码	0..1	an..10
6	4	WL0800900	集装形式	1..1	an..3
7	4	WL0700228	集装件数	1..1	n..6
8	4		物资信息	1..1	
9	5	WL0700002	物资名称	1..1	an..512
10	5	WL0700085	物资代码	0..1	an..3
11	5	WL0600060	数量	1..1	an..35
12	5		包装信息	1..1	
13	6	WL0700064	包装类型	1..1	an..35
14	6	WL0700224	包装数量	1..1	n..8

3. 物资配送单

物资配送单报文体数据元包括配送单证号、物资名称、集装箱代码、集装件数、装货地点、卸货地点、需求部队、配送方式、物资送达要求时间等，如表 5-4 所列。

表 5-4　物资配送单报文体

序　号	报文层	分类编号	中文名称	约束/出现次数	数据类型
1	3	WL0100188	配送单证号	1..1	an..35
2	3		物资信息	1..1	
3	4	WL0700002	物资名称	0..1	an..512
4	4	WL0800890	托盘代码	0..1	an..10
5	4	WL0800884	集装箱代码	0..1	an..12
6	4	WL0700228	集装件数	1..1	n..6
7	4		地点信息	1..1	
8	5	WL0300334	装货地点	1..1	an..256
9	5	WL0300392	卸货地点	1..1	an..256

续表 5－4

序　号	报文层	分类编号	中文名称	约束/出现次数	数据类型
10	5	WL0300132	需求部队	1..1	an..512
11	5		配送信息	1..1	
12	6	WL0800066	配送方式	1..1	an..17
13	6	WL0200139	物资送达要求时间	1..1	n14
14	6	WL0900948	里程	1..1	n..8

4. 运力调度单

运力调度单报文体数据元包括单证号、单证名称、载具名称、载具类型、数量、配送运输指令下达时间等，如表 5－5 所列。

表 5－5　运力调度单报文体

序　号	报文层	分类编号	中文名称	约束/出现次数	数据类型
1	3	WL0100004	单证号	1..1	an..35
2	3	WL0100000	单证名称	1..1	an..35
3	3		运力信息	1..1	
4	4	WL0800212	载具名称	1..1	an..35
5	4	WL0800178	载具类型	1..1	an..17
6	4	WL0600060	数量	1..1	an..35
7	4		日期时间信息		
8	5	WL0200859	配送运输指令下达时间	1..1	n14

5. 配送状态反馈单

配送状态反馈单报文体数据元包括单证号、载具名称、载具代码、物资名称、经/纬度、海拔高度、速度、物资状态代码、载具运行状态代码等，如表 5－6 所列。

表 5－6　配送状态反馈单报文体

序　号	报文层	分类编号	中文名称	约束/出现次数	数据类型
1	3	WL0100004	单证号	1..1	an..35
2	3	WL0100000	单证名称	1..1	an..35
3	3		运力信息	1..1	
4	4	WL0800212	载具名称	1..1	an..35

续表 5-6

序　号	报文层	分类编号	中文名称	约束/出现次数	数据类型
5	4	WL0800213	载具代码	1..1	an..9
6	4		物资信息	1..1	
7	5	WL0700085	物资代码	1..1	an..3
8	5	WL0700002	物资名称	1..1	an..512
9	5		状态信息	1..1	
10	6	WL0600000	纬度	1..1	n..12,8
11	6	WL0600002	经度	1..1	n..12,8
12	6	WL0600008	海拔高度	1..1	n..15
13	6	WL0600816	速度	1..1	an..17
14	6	WL0800913	物资状态代码	1..1	an..3
15	6	WL0800959	载具运行状态代码	1..1	an..2
16	6	WL0100828	配送状态描述	1..1	an..35

二、数据交互接口

另外，依据 LOGINK 平台建设标准，平台通过认证服务与数据交换服务接口交换配送业务数据。接口设计基于 Web Service 技术，遵循 WSDL（Web 服务描述语言）、SOAP（简单对象访问协议）等技术标准，为用户提供完整的 API（应用程序编程接口），用户可基于自身的信息建设实际自定义接口编程模式。应用于无人配送系统集成体系信息数据交互的数据接口结构如图 5-2 所示。

依托数据接口，无人配送系统集成体系数据交互采用“报文通信＋数据包流转”的方式。报文总体分为请求报文、响应报文两大类。以系统向平台发送数据接收请求消息为例，其报文格式如表 5-7 所列。

表 5-7　数据接收请求报文格式

属性中文名	代　码	数据类型	约束/格式	描　述
接收地址	ToAddress	String	1..1	可获取交换事件、内容的地址
接收数量	ReceiveNumber	Int	1..1	可接收的交换事件的最大数目
超时时间	Timeout	Long	1..1	指定交换事件接收的超时时间
是否阻塞	ISBlocked	Boolean	1..1	初始化为 FALSE，未收到消息则返回

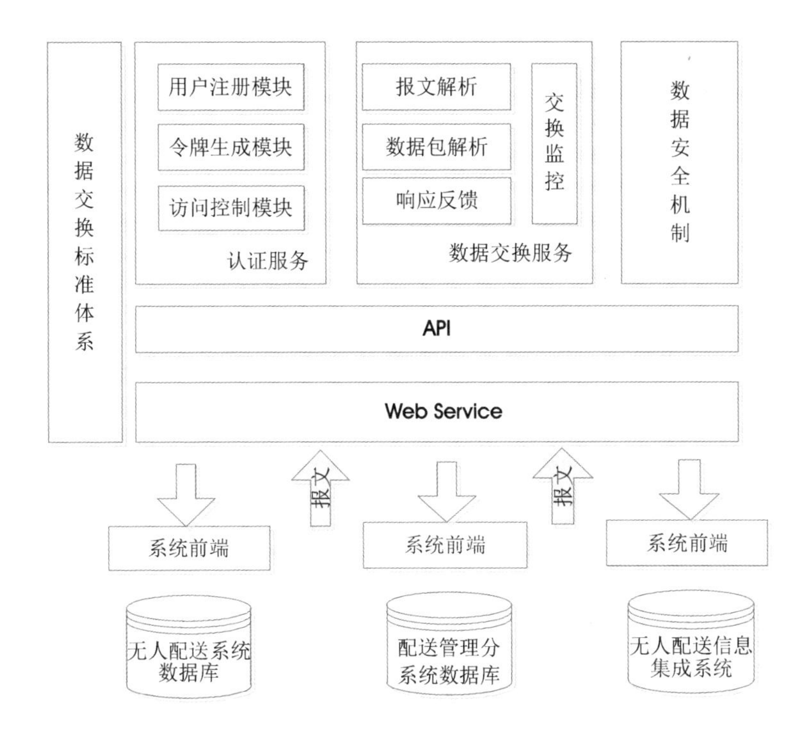

图 5-2 LOGINK 平台数据交互接口结构

平台批准数据交互的请求后，无人配送系统集成体系的各类电子单证及附件以数据包的形式进行流转。遵循 LOGINK 平台技术标准，以配送管理分系统向无人配送系统发送运力调度单证为例，其数据包传输格式如表 5-8 所列。

表 5-8 运力调度单证数据包传输格式

标识名	数据来源	创建时间	失效时间	数据大小/Kb	数据文件	数据附件
YDP01	MMD-BM	2021/1/1	2021/1/2	500	YDP01.zip	YDP01.txt
YDP02	MMD-BM	2021/1/1	2021/1/2	200	YDP02.zip	YDP02.doc
YDP03	MMD-BM	2021/1/1	2021/1/2	300	YDP03.zip	YDP03.jpg

在表 5-8 中：

① 标识名为数据包的唯一性标识，格式为“String”。

② 数据来源是有关数据包发送者地址的描述性信息，表中的“MMD-BM”代指“配送管理分系统-业务管理分系统”。

③ 数据文件与数据附件为复杂数据类型，包含单证的具体内容信息，可根据实际采用原文件格式或压缩文件、MD5 码等格式进行上传，该项不可为空。

三、数据预处理模块

数据预处理是无人配送系统集成体系各要素系统的源数据进入集成体系之前进行的一系列准备工作，主要包括：建立源数据库连接，获取访问权限；封装数据源表；建立数据映射，抽取数据；检查、清洗、转换源数据及元数据，确保数据完整性与正确性等步骤。数据预处理模块结构设计如图 5－3 所示。

该结构设计将数据预处理模块区分为源数据封装模块、抽取映射模块与数据清洗模块。

1. 源数据封装模块

源数据封装模块是针对数据源多样、格式不一、开放程度各异等实际访问难点，在不同格式的数据源表上定义封装表格，以便平台直接访问的功能模块。封装的前提是对外部数据的有效采集与数据库系统的稳定连接。封装表格一般与数据源表 1∶1 对应，表名、结构、属性等元数据信息也被存放到平台数据字典中。在获取数据源权限后，可对封装表格执行增、删、改、查等编辑操作。例如，获取配送管理分系统数据库的操作权限后，通过源数据封装模块，可在配送任务数据表之上定义封装表格 V1，实现对源数据库表的间接访问与编辑。

2. 抽取映射模块

针对系统用户对无人配送系统集成体系数据抽取的需要，执行定制化数据抽取及行列选择、组合、排序、重命名等转换操作，实现将封装表格 1∶n 转化为虚拟表格。虚拟表格与封装表格本质上相似，都是平台可直接访问的虚拟数据表，但虚拟表格的定义形式更偏向于视图，即源数据库表中满足映射约束条件的部分行、列。抽取映射模块提供 SQL、XSLT、XQuery 等映射定义语言的选择，满足无人配送系统集成体系内各类格式数据库表的转换需求。

3. 数据清洗模块

针对用户对无人配送系统集成体系内数据资源正确性与完整性的需求，构建数据清洗的模型库、算法库与规则库，对无人配送系统集成体系的源数据执行检查、删除、拟合、修改等操作。数据清洗分为不完整数据清洗、不一致数据清洗及冗余数据清洗。

四、数据存取模块

数据存取，即配送数据的存储与导出，是系统数据集成层的核心数据管理模块。

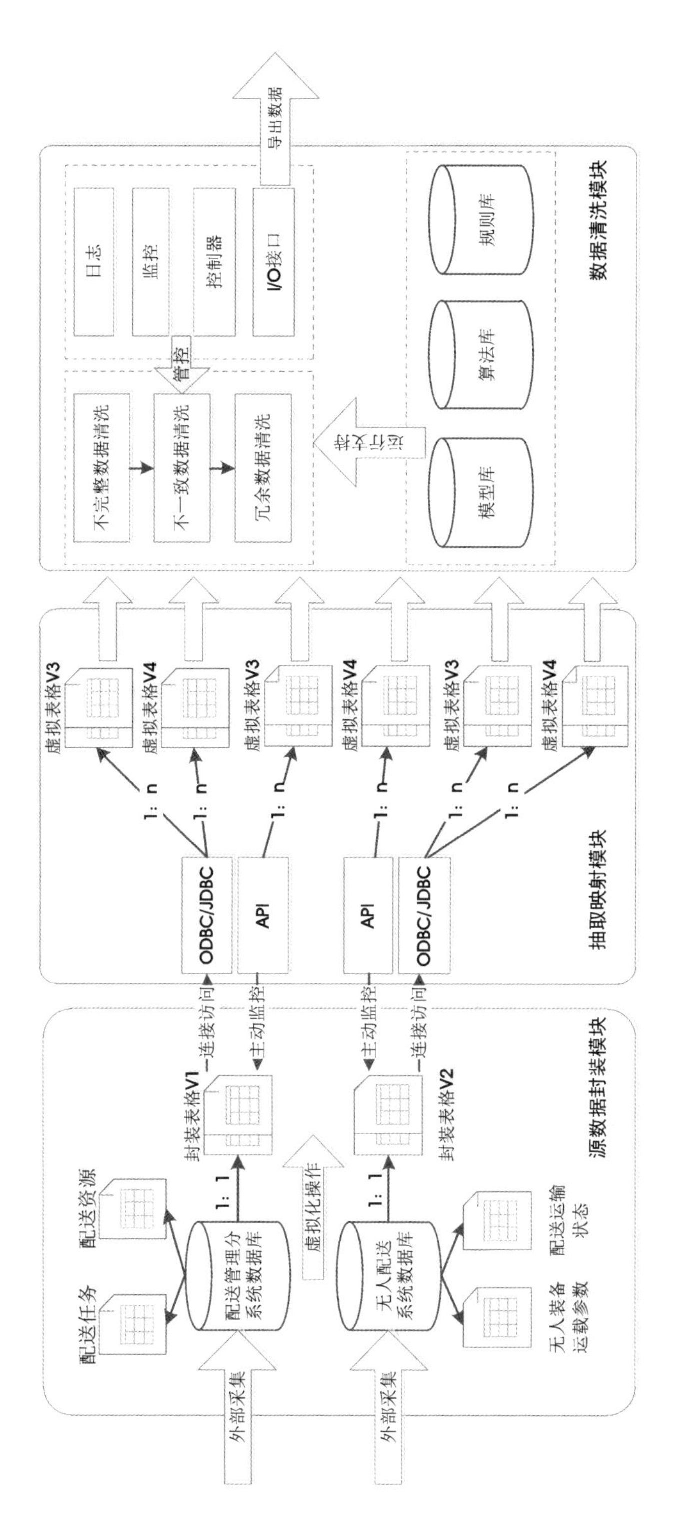

图5-3 数据预处理模块结构设计

基于云存储的技术体制，数据存取模块被设计为具有元数据组织、数据分类集中存储以及需求数据导出三大功能。数据存储模块的结构设计如图 5－4 所示。

该结构设计将数据存取模块区分为元数据组织模块、数据存储模块与数据导出模块。

1. 元数据组织模块

针对预处理完毕的无人配送系统集成体系的要素系统源数据，采用基于 XML 的三维元数据组织模型，将所有的元数据按照标准转换为 XML 文档。该模块在全局视角下将元数据以定向标签形式进行集约化、标准化的组织，消除语义冗余、歧义，最终构建基础元数据与组织模型的映射关系，实现无人配送系统集成体系元数据的整合、统一。

2. 数据存储模块

通过部署云存储集群空间及存储管理体系，实现对各类无人配送系统集成体系内数据资源的集中存储。根据无人配送系统集成体系内数据资源的规划成果，无人配送系统集成体系的数据资源主要包括实体主数据、保障活动数据、元数据等系统源数据与决策主题多维数据。其中，主数据与保障活动数据主要在关系型数据库中存储（例如 MySQL、Oracle、SQL Server 等 SQL 数据库），元数据在非关系型数据库中存储（例如 MongoDB、Redis 等 NoSQL 数据库），决策主题多维数据在数据仓库（DataWare）中存储。基于不同类别数据对存储空间的需求，数据存储模块综合集成各类数据库管理系统与多样化设计数据库表结构，并对数据资源进行集中科学管理。

3. 数据导出模块

数据导出模块是无人配送系统集成体系内要素系统源数据的导出接口。接收数据导出指令后，该模块建立与下游模块的通信连接，依托模块组件执行数据导出前检查、数据打包压缩、输出路径确认等工作，确保无人配送系统集成体系数据能够稳定、准确地导出。

五、数据聚合模块

数据聚合模块通过部署数据仓库服务器及数据工具，按照无人配送系统集成体系内的决策主题，从下游抽取数据，并对数据进行聚合及可视化显示，具体子模块包括数据接入、多维表构建、ETL、数据处理与数据开发应用等功能模块。数据聚合模块的结构设计如图 5－5 所示，该结构设计各子模块具体功能如下。

1. 数据接入模块

对导入的无人配送系统集成体系内的数据资源包进行解析并存入数据缓存区；

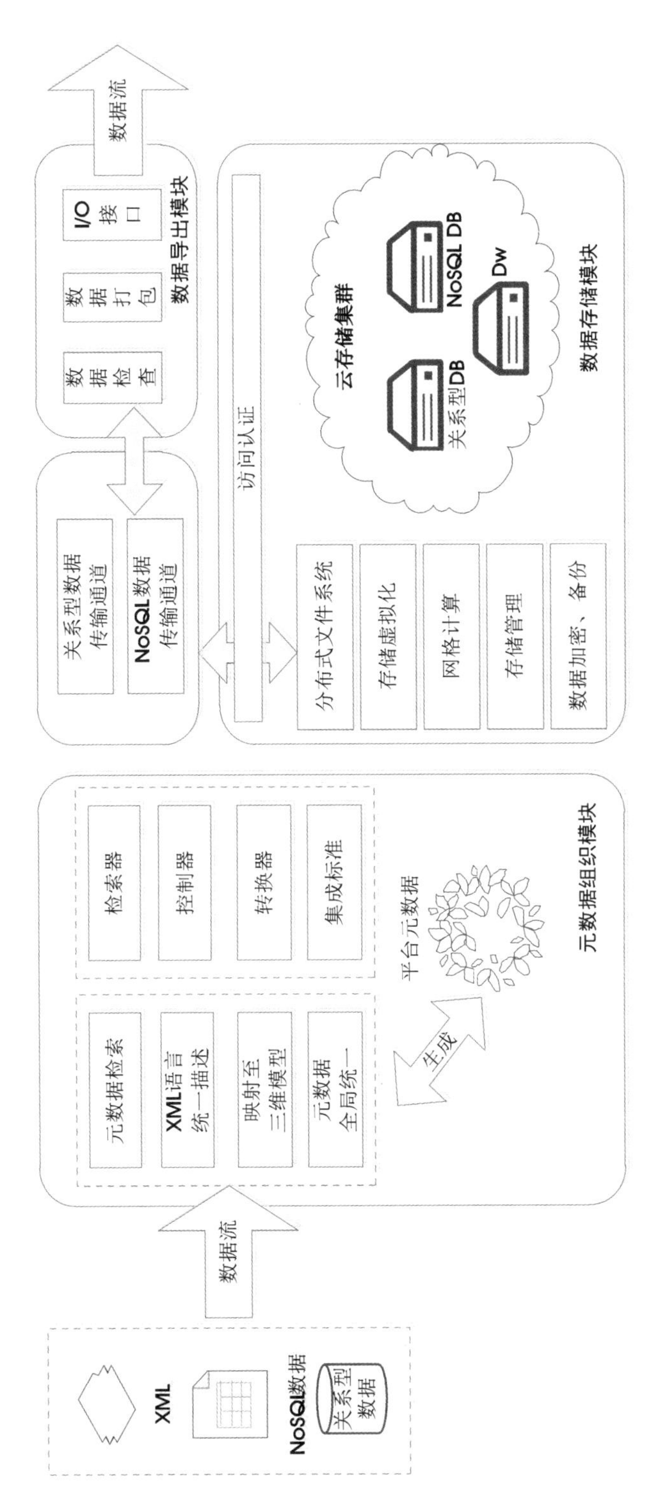

图5-4　数据存取模块结构设计

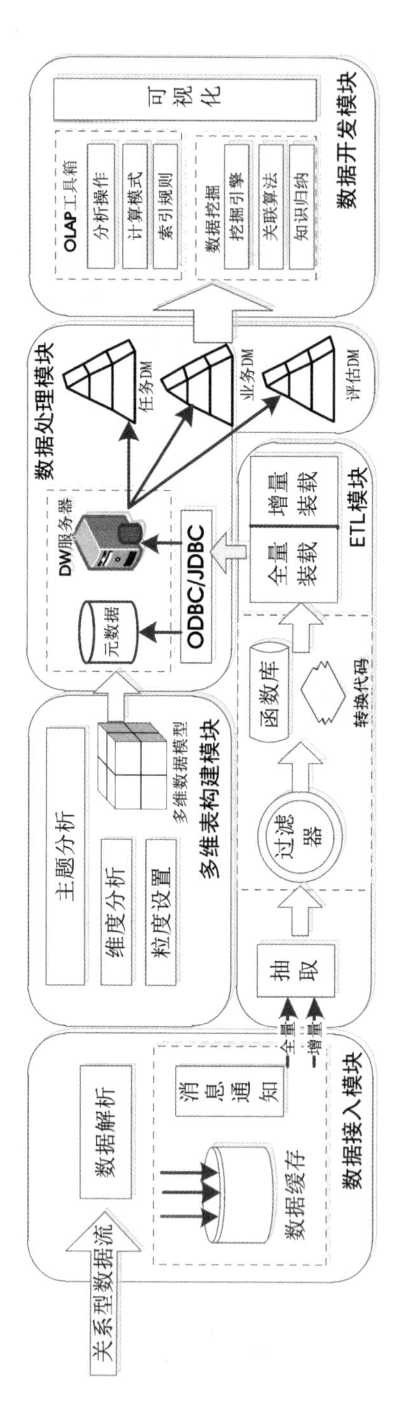

图5-5 数据聚合模块结构设计

同时,记录导入数据源、时间、容量等信息并上行传输消息通知。

2. 多维表构建模块

根据设定的决策主题,采用星型模式、雪花模式与星座模式构建多维数据库表框架结构;分析事实表与维度表的属性,确定数据来源及粒度级别,最终生成多维数据库表的逻辑结构模型。

3. ETL 模块

通过用户设定的工作周期,按需全量、增量抽取缓存区数据。数据转换功能由过滤器、函数库及转换代码等要素实现,从而将原始数据转换为满足处理需要的数据资源。同时,在数据装载阶段,ETL 模块灵活运用全量、增量装载的方式确保数据仓库服务器高效运行。

4. 数据处理模块

依托数据仓库服务器,按照预设的多维数据模型对各类源数据进行关联与聚合,最终形成配送任务、配送业务、配送需求、配送资源等主题数据集,供用户检索、开发和应用。

5. 数据开发模块

由 OLAP 工具箱、数据挖掘工具及可视化模块构成,从而实现对数据价值的深度挖掘与应用。OLAP 工具箱执行切片、切块、旋转、钻探等数据分析操作,聚焦数据层面的规律探索;数据挖掘工具则利用 Apriori、回归模型、神经网络等关联算法发掘数据间的隐形关系并归纳为知识;可视化模块通过无人配送系统集成体系内设数据接口接入军事物流配送保障态势平台,图形化动态显示各配送任务的静态数据和动态数据,并按需显示决策主题变化及决策知识,为无人配送系统集成体系的要素活动决策提供支持信息。

六、数据安全机制

由于无人配送系统集成体系内的数据资源既包括军事数据,也有地方数据,无论是数据内容还是元数据均具备一定密级,为避免平台出现故障、发生意外事故,造成数据资源的丢失与损毁,应当加强对全局数据资源的容灾与备份工作,科学建立数据资源管理与治理的安全机制。

1. 访问控制机制

严格规范用户的访问行为,是第一张“防护网”。系统用户须单点登录进入平台,按照用户权限访问相关数据。在用户访问期间,平台若监测到违规访问、肆意篡改配置文件、异地登录、多点使用等情形，则使账号立即自动退出并视情况采取相应保护措施，如身份认证、账户冻结、账户注销等。

2. 传输通道监测机制

对平台导入数据、模块会话、数据处理及数据导出等各类数据流动情况进行密切监测。采用对称加密体系、非对称加密体系和数字签名、数字证书等算法机制，管理员按要求面向模块组件分配公钥、私钥与会话密钥。只有当通信密钥合法，且平台监视器能实时接收数据传输报文时，数据传输方可正常进行。

3. 本地数据保护机制

针对数据的不同规模和更新特点，灵活运用备份、镜像、快照与CDP(持续数据保护)等当前主流的数据保护技术，采取全量备份、增量备份、差量备份等策略，确保集成平台数据的安全与完整。

第三节　无人配送系统集成模块结构

本节将基于无人配送系统集成中功能集成的具体需求点，以决策主题为核心，设计无人配送系统集成模块结构，将无人配送系统集成分为配送任务管理、配送数据处理、配送需求管理、配送业务规划、配送态势管理、配送行动评价、数据库管理共7个模块27个功能，如图5－6所示。

一、配送任务管理

配送任务管理是进行无人配送系统集成体系业务对接的基础功能模块，该模块在使用中应当具备对数据的增加、删除、更新、查询等基础功能，具有数据批量导入、导出与单证报文生成的能力。配送任务管理模块具体包括以下4个子功能模块。

(一) 配送任务接收

配送任务管理模块通过基于VPN技术的专用网络接口，接收上级指挥所下达的物资配送保障任务。任务信息以报文、文件以及数据实体等形式传播，包括任务代码、下达单位、物资名称、配送数量、送达地点、送达时间等要素，系统逐项核对信息完整性，自动导入并赋予任务本级编号。

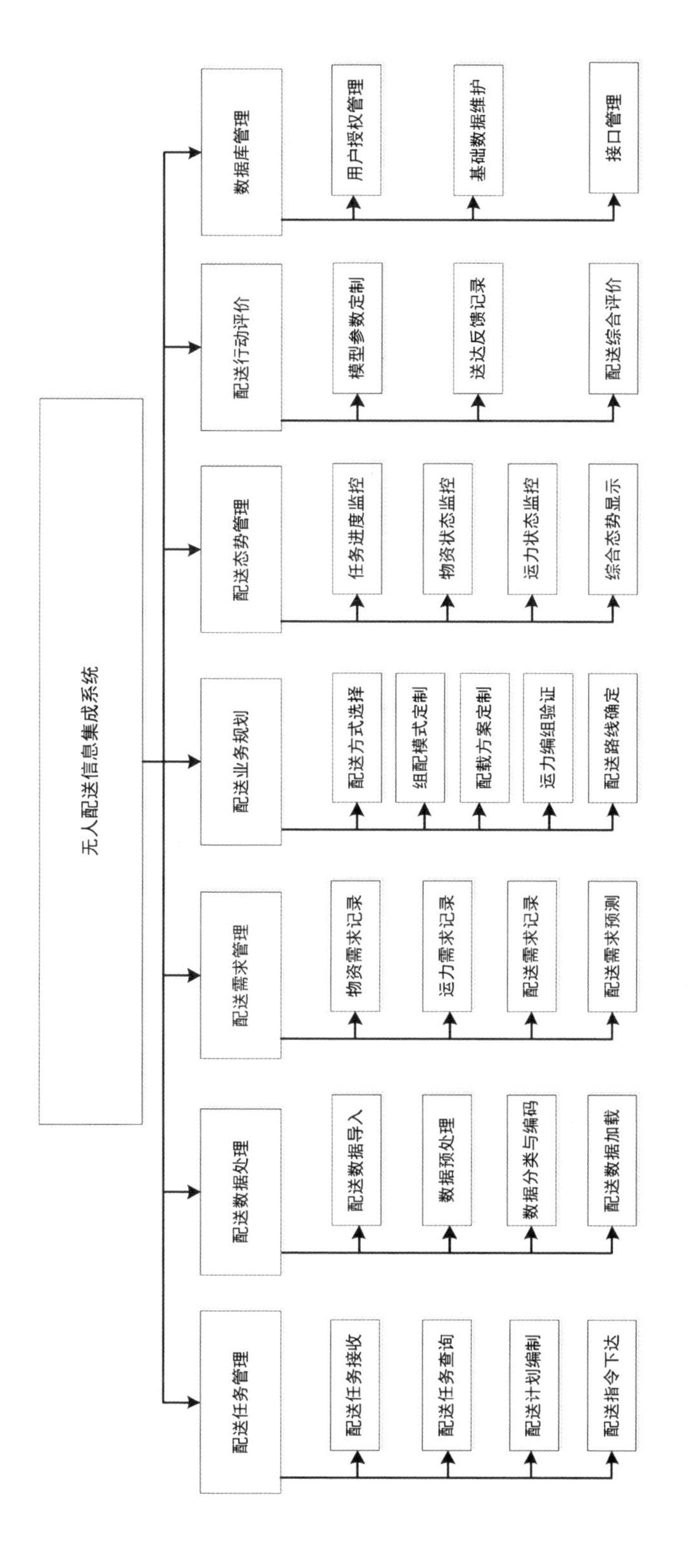

图5－6 无人配送系统集成模块结构

(二) 配送任务查询

配送任务查询功能一方面可以监控所有配送任务的排队进度与完成情况,另一方面能够访问历史无人配送系统集成体系中的任务数据以掌握、了解任务特点。查询功能实现,以配送任务本级编号为检索参数,可进行单条、多条与全局检索,支持任务数据的导出功能。

(三) 配送计划编制

配送任务管理模块根据当前处理的配送任务,结合物资、载具、任务的实际,编制保障指令(指示)计划、物资配送计划、物资组配计划、运力调度计划等。计划编制功能支持计划模板定制、修改与数据增加、删除、修改,上级审核完成后待生成配送指令。

(四) 配送指令下达

配送任务管理模块按照配送单证标准,将计划数据转化生成标准化无人配送系统集成体系单证,以报文指令的形式通过军网、LOGINK 平台接口传输至配送管理分系统与无人配送系统,实现配送指令实时下达,并接收系统反馈。

二、配送数据处理

配送数据处理是系统基于配送数据集成平台,对任务数据、需求数据、业务数据、资源数据等数据资源进行综合处理的功能模块,为系统应用提供正确、完整的高质量数据。数据处理流程包括配送数据导入、数据预处理、数据分类与编码以及配送数据加载。

(一) 配送数据导入

配送数据处理模块通过数据接口主动访问或接收来自配送管理分系统与无人配送系统的外部数据包,对数据包进行格式解析并存入后台暂存区;通过数据导入进度条实时反映导入工作的运行情况,完成后弹出提示完成的对话框。

(二) 数据预处理

配送数据处理模块基于 ETL 工具的过滤器、函数库以及转换代码对暂存区数据进行清洗与转换;可通过系统自定义处理函数及相关算法,处理过程实时可视可控。当数据规模过大时,系统可切换为手动处理,强制停止造成阻塞的任务,确保系统高效运行。

(三)数据分类与编码

用户通过数据分类与编码模块,能够按照喜好、需求及业务需要自定义配送数据类别,并在源表图形界面上选择行、列,将数据归于某一类别。数据编码仅作为系统本级数据管理的唯一代码,便于查询与编码。

系统根据用户分类及数据来源、序列、导入时间自动生成所有数据的代码,实现"一源、一数、一码"式全局统一管理。

(四)配送数据加载

结合无人配送系统集成体系数据的决策需求,用户可通过该模块选择数据的时空范围与行列范围,新建数据视图。通过数据接口加载至后台数据处理模块,用户可以对数据进行处理与开发,加载完成后弹出提示完成的对话框。

三、配送需求管理

配送需求管理是对无人配送系统集成体系要素活动的物资需求、运力需求以及配送需求的历史记录进行管理,支持对历史配送需求的检索与查询,并通过图形化技术,直观展示历史数据走势。配送需求管理模块具体包括物资需求记录、运力需求记录、配送需求记录及配送需求预测四大功能。

(一)物资需求记录

系统按照物资需求多维数据模型预先按需抽取需求相关数据,定义查询参数,并通过数据窗口集中显示。通过数据窗口,用户可输入确定参数值,查询部分或全部信息。系统可以通过物资需求趋势图反映某部队在一段时间内不同类别物资的需求情况。

(二)运力需求记录

系统数据窗口初始化显示某配送点全部的历史运力需求信息,用户可根据需要查询无人机、无人车、无人船(艇)的需求型号与数量情况,这些信息也可以通过可视化趋势图的形式直观地展示出来。

(三) 配送需求记录

系统数据窗口初始化显示所有配送需求记录数据,包括物资、配送场景、配送截止时间等信息,用户可根据需要查询某物资在不同场景下的配送需求情况,系统也可以通过曲线图直观地展示配送需求变化趋势。

(四) 配送需求预测

配送需求预测模块针对当前潜在的配送任务进行研判,选择配送场景与时间,利用历史需求数据绘制不同场景下的物资、载具、配送需求-时间曲线图,并拟合出曲线图方程式;通过构建数学模型,测算出各预测量。

用户在使用该模块时,只需输入场景名、预测时间等要素,即可自动生成需求量-时间曲线图,并为获取下一轮配送的需求数据进行物资、载具方面的预储预置提供决策支持。

四、配送业务规划

配送任务规划模块包括配送方式选择、组配模式定制、配载方案定制、运力编组验证与配送路线确定等子模块,该模块统计并展示不同种类、不同业务的详细方案,分析决策规划者的决策喜好、风格,并针对当前业务提出推荐方案,达到辅助决策的效果。

(一) 配送方式选择

在系统中输入当前任务的配送场景及配送物资,配送方式选择模块通过 Apriori 算法分析历史配送方式选择信息,可以确定场景与载具、物资与载具的关联,从而综合考量生成当前时刻的载运装备选择推荐方案。

(二) 组配模式定制

在系统中输入当前任务需要组配的物资,组配模式定制模块通过算法分析历史组配方案数据,确定物资与集装具之间以及物资之间的关联,结合任务批次及包装、集装匹配要求,生成当前时刻组配模式推荐方案。

（三）配载方案定制

在系统中输入当前确定的集装具，配载方案定制模块通过算法分析集装具与载具的配载关联，结合当前载具选型的实际，择优生成配载推荐方案。方案满足两个条件：

① 载运装备要从配送方式选择模块确定的载具集合中选择。

② 载运装备满载率超过80%。

（四）运力编组验证

根据载运装备编组情况，运力编组验证模块对装备数量是否低于编制实际、能否在时间窗内完成物资配送任务、装备组合运用模式是否可行等方面进行合理性验证；若无法通过验证，则返回调整或重新拟制方案。

（五）配送路线确定

在上述计划拟制完成后，配送路线确定模块通过算法确定当前计划中的载具、场景要素与路线之间的关联，选择符合场景实际、便于装备运行的最优路线。

五、配送态势管理

配送态势管理模块通过信息集成平台实时聚合无人配送系统集成体系要素活动执行过程中产生的物资、载运装备、任务等要素的状态数据，并通过数据可视化技术直观展示配送态势，支持配送管控与决策。配送态势管理模块具体包括任务进度监控、物资状态监控、运力状态监控与综合态势显示4个子模块。

（一）任务进度监控

依据无人配送系统集成体系业务流程，任务进度被定性描述为“任务接收”“计划下达”“物资出库”“配送运输”与“送达完成”5个状态，在配送运输环节，按照当前配送里程占总里程的百分数对任务进度进行定量描述。该模块以任务ID为主键，聚合配送管理分系统与无人配送系统的配送状态数据，综合描述当前任务状态并显示进度。

（二）物资状态监控

依据物资储运标准，物资状态被定性分为“在库储存”“组配包装”“装配载具”“在途运输”“送达交付”5个类别，其中，在途运输环节通过监控物资破损、丢失与载运形式位移情况，以百分数形式综合评估物资运输效果并予以实时显示。

（三）运力状态监控

无人配送系统集成体系运力（装备）被描述为“待机”“运行”“到达”“故障”“损毁”5个状态。在运行阶段，装备状态以剩余电量（燃料）百分比的形式对运力（装备）状态进行定量描述。该模块通过将装备ID与任务ID进行关联，实时监控任务装备续航状态，并支持特殊情况下临机调整配送方案。

（四）综合态势显示

综合态势显示模块依托地理信息系统（GIS）构建无人载运装备三维模型，导入任务区域电子地图。通过状态数据聚合，该模块实时显示无人装备预设航线与实际航迹，装备经/纬度、速度、海拔高度、GPS星数等运行参数，物资名称、数量、载运状态等物资状态信息，任务代码、任务进度与节点描述等任务状态信息，实现无人配送系统集成体系要素活动可视、可控。

六、配送行动评价

配送行动评价从无人配送系统集成体系的迅捷性、精确性、适应性3个方面细分各类评价指标，构建评价指标体系，如表5-9所列。该模块针对每条配送任务，通过抽取配送业务时间记录、送达反馈记录、装备及物资状态等评价主题数据，按指标量化评分，生成最终的评价结果，以反馈、优化配送决策。

表5-9　无人配送系统集成体系业务评价指标体系

序　号	评价主题域	指　标	量化标准
1	迅捷性 v1	配送准备迅捷性 v11	依据准备时间占要求准备时间的百分数，量化评分
2		配送迅捷性 v12	依据配送时间占要求送达时间的百分数，量化评分

续表 5-9

序号	评价主题域	指标	量化标准
4	精确性 v2	物资精确性 v21	依据反馈的物资品类、数量、质量情况，量化评分
5		送达精确性 v22	依据反馈的送达时间、送达地点与约定的吻合度，量化评分
6		方案精确性 v23	依据方案变更记录与变更情况，量化评分
7	适应性 v3	环境适应性 v31	依据环境数据与任务状态数据，量化评价环境适应性
8		指令变更适应性 v32	依据指令变更记录与任务状态数据，量化评价指令变更适应性
9		无人装备适应性 v33	依据任务完成后的装备检查情况，量化评价装备性能变动

(一) 模型参数定制

模型参数定制模块初始化显示当前的评级指标体系，支持对指标项目、权重与量化公式的编辑与修改，提交保存模型库。

(二) 送达反馈记录

用户可通过输入任务 ID 检索配送任务的送达反馈记录，并以统计图汇总所有配送任务综合评价“满意”“基本满意”“一般”“较差”百分比情况。

(三) 配送综合评价

所有任务执行完毕后，配送综合评价模块依托评价指标体系与量化公式，计算配送任务总评分并加以可视化展示。

七、数据库管理

数据库管理模块对系统的基础数据及数据接口进行统一管理，系统基础数据包括：用户账号、密码、权限等注册数据；时间维、场景维、运力维、物资维与集装具维等无人配送系统集成体系静态数据；配送数据元及电子单证等基础标准数据。数据库管理模块具体包括用户授权管理、基础数据维护与接口管理 3 个子模块。

(一) 用户授权管理

未授权用户可在系统登录端进入注册界面，编辑个人账户信息并提交至管理员审核，审核通过后账户生效。用户登录系统后，可通过该模块编辑个人账户基础信息、查看操作权限。

(二) 基础数据维护

用户可通过该模块对无人配送系统集成体系维度数据与基础标准数据进行查询与编辑,数据保存后将在后台实时更新,从而实现基础数据维护。

(三) 接口管理

该模块针对不同格式的数据源,提供SQL、SOAP、JMS等不同的数据接口。用户可查看当前数据库连接状态,根据访问需要新建数据库配置文件,选择并连接其他数据库。

第四节 无人配送系统集成网络架构

本节将结合无人配送系统集成体系要素活动各网络节点运行实际,提出无人配送系统集成体系的信息集成系统网络,如图5-7所示。

图5-7构建了基于VPN技术的专用网络,其架构划分为需求采集网、战场骨干网和无人配送机动网等。这三种网络通过预设的网络接口按权限接入信息集成总线,实现军事网络与地方网络之间批量、稳定的共用数据传输,构建支撑无人配送系统集成体系建设与运行的信息网络环境。

1. 需求采集网

该类网络由需求提报系统、战术物联网系统和任务单元终端采集系统的子系统构成,支撑对防卫力量物资保障需求数据的实时感知与及时采集,支撑物流配送管理部门组织实施物资筹措、调拨决策。

2. 战场骨干网

上级下达的物资配送任务信息通过战场骨干网传输至承担物资机动支援保障的指挥信息系统或业务信息系统,并依托此网络将保障物资、任务载具等要素的实时状态、位置信息推送至相关指挥信息系统或业务信息系统,战场骨干网是支撑各类指挥信息和保障信息实现安全传输和可靠交换的野战核心网络。

3. 无人配送机动网

该网络是支撑无人配送系统集成体系内要素活动的业务信息网络,由互联网、

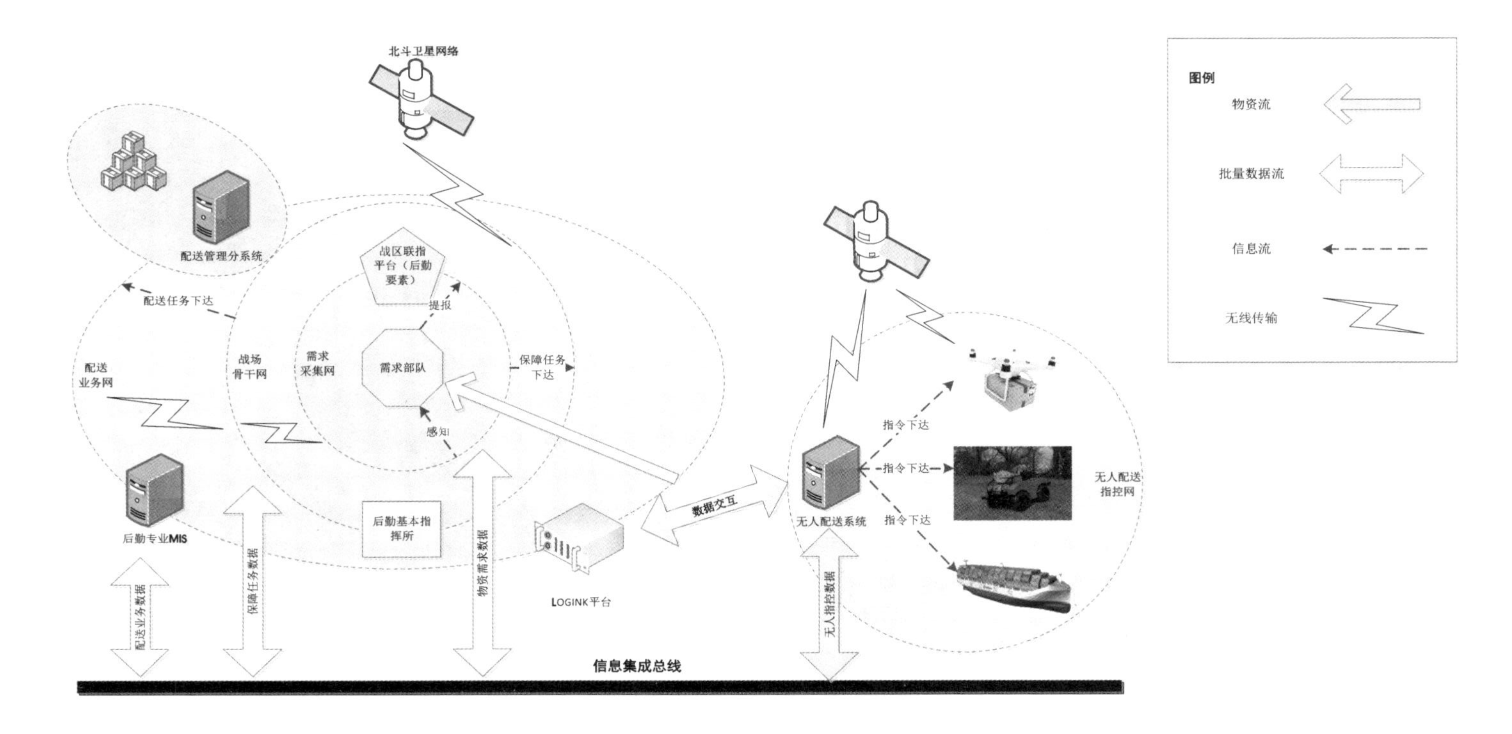

图5-7 无人配送系统集成体系的信息集成系统网络

局域网、物联网、卫星网等军地网络组成。考虑到共用信息交换应安全可靠，该网络依托国家交通物流公共信息服务平台（LOGINK 平台）实现上述不同网络的互联互通，并构建数据加密安全通道以实现配送管理分系统与无人配送系统之间的共用数据交换。

第六章　无人配送系统集成应用与对策

本章内容将按照所搭建的开发与运行环境来构建无人配送系统集成体系模拟演示系统，并通过实际案例应用，检验软件应用效果。

第一节　无人配送系统集成应用软件

本节将围绕无人配送系统集成数据资源规整与分析的重点，根据前述章节的分析与设计，编程实现构建具备核心功能的无人配送系统集成软件的原型系统。

一、无人配送系统集成软件的运行环境

本书采取客户端与服务器(C/S)模式，优选数据规整工具和快速开发工具软件，编程实现基于关系型数据库的无人配送信息系统集成工具，其软件开发、集成运行的软件技术体制如图 6－1 所示。

客户端操作系统	Windows 7
网络环境	物流信息网
开发工具	PowerBuilder 9.0
ETL 工具	Informatica PowerCenter
数据库管理系统	SQL Server 2008 R2
编程语言	PowerScript、Python
软件架构	Client/Server
运行内存	16 GB

图 6－1　无人配送系统集成工具软件技术体制

这里对图 6－1 中的开发工具及数据库管理系统做简要介绍。

1. PowerBulider 9.0

Powerbulider 9.0 是美国 Sybase 公司研制的一种新型、快速开发工具，该工具

包含一个直观的图形界面与可扩展的面向对象语言 PowerScript，能够通过 ODBC（开放数据库连接）与当前主流的数据库相连，并具备强大的查询、报表和图形功能。

2. Informatica PowerCenter

Informatica PowerCenter 是由 Informatica 公司开发的企业数据集成平台，能够使用户便捷地访问异构数据源并抽取数据，用来建立、部署、管理企业级的数据仓库，从而支持生成快速、正确的业务决策。

3. SQL Server 2008 R2

SQLServer 2008 R2 是微软（Microsoft）公司研制的一种大型关系型数据库管理系统，具备使用方便、可伸缩性好、软件集成度高的特点，能够为企业级数据管理提供安全、可靠的存储环境与数据开发环境。

在以上三大开发工具中，SQL Server 2008 R2 部署于数据层，提供数据聚合与存储的可靠环境；Informatica PowerCenter 部署于数据集成层，实现系统数据集成并输出主题数据集市；PowerBulider 部署于功能集成层，通过数据可视化功能显示主题数据，并构建模型库、知识库开发数据，挖掘信息的决策价值。三者在物理上相互独立，依托系统集成框架整合、协同，实现构成无人配送系统集成体系信息集成的整体流程。

二、无人配送系统集成软件的界面显示

软件操作流程如下：用户输入账号与密码，验证通过后进入主界面（见图 6－2），主界面直观显示了无人配送系统集成软件的模块功能，其菜单主要包括配送任务管理、配送需求管理、配送业务规划、配送态势管理、配送综合评估、数据库管理 6 个模块。

三、无人配送系统集成软件的模块结构

无人配送系统集成软件针对给定配送保障指令，基于规整的无人配送保障决策主题数据资源（数据资源是指可用且有用的数据集合）执行配送方案计划筹划、业务活动优化、态势生成与管控等功能，进而对配送保障效能进行综合评价。下面简要描述软件各模块的功能。

（一）主题数据规整

该模块是进行业务规划的数据基础，主要是从配送管理信息系统或其他专业管

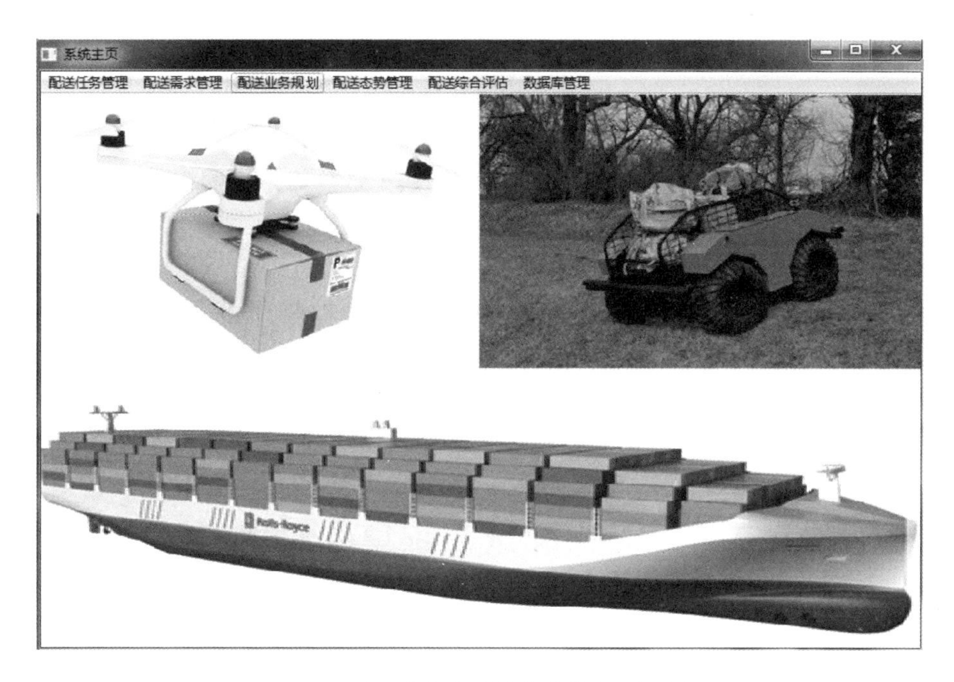

图 6-2　无人配送信息系统集成软件工具主界面

理信息系统中,按照预设数据规整规则进行数据项关联与聚合,并将处理后的数据存储到相应决策主题数据库(数据仓库)内,为优化配送方案计划提供支持数据,比如,如何抽取哪些数据项(数据库表的字段)、如何匹配与整合数据项(不同数据库表中字段数值的整合)、如何确定决策主题数据粒度等级等。该模块的数据规整功能利用工具 Informatica PowerCenter 实现。

(二) 配送业务规划

该模块主要利用 PowerBuilder 开发工具进行界面及数据库相关操作,利用系统规整的无人配送数据资源进行配送方式生成与选择、组配与配载方案优化、运力编组与配送路线方案规划等业务信息处理,并形成主、备用方案,为决策者提供辅助支持信息。

(三) 配送态势管理

该模块利用 PowerBuilder 开发工具进行界面及数据库相关操作,并依托 GIS 构建无人载运装备模型,导入任务区域电子地图,为决策者提供任务进度监控、物资状态监控、运力状态监控与综合态势显示等配送状态信息支持。

(四)配送综合评价

该模块利用 PowerBuilder 开发工具进行界面及数据库相关操作,根据迅捷性、精确性、适应性维度指标体系及其权重关系,利用配送保障采集的业务时间、送达反馈记录、资源状态等评价数据项(数据库表中的字段),能够以多种可视化形式显示评价结果,为决策者优化配送保障方案计划提供信息支持。

另外,无人配送系统集成软件针对不同格式的数据源,提供 SQL、SOAP、JMS 等不同的数据接口。用户可查看当前数据库连接状态,根据访问需要新建数据库配置文件,选择并连接其他数据库。

第二节　无人配送系统集成应用实例

本节将围绕高原高寒山地区域驻守防卫力量的驻地巡逻点物资补给、执勤途中物资机动补给、突发事件应急物资补给需求,构设无人配送保障场景,抽取、规整并集成开发数据,优选无人配送力量运用模式,展开无人配送系统的集成实验。

一、应用场景构想

某国不顾两国边境管控约定,在我国高原山地边境地区悍然越境、挑起争端并制造局部武装冲突,导致边境地区安全局势升温、不确定性事件骤发。我方多次协调、劝阻无效,决定采取武力维护边境地区的安全稳定。

按照上级决策意图和力量防卫行动命令、后装保障指示,我军于某日在冲突地区集结兵力,展开联合作战行动进行立体打击。同时,为持续向防卫力量补充消耗物资,我军依令开设战役级综合保障基地,并设置无人配送力量,采用无人运输机、无人运输车、无人运输船(艇)等运载装备为前线防卫力量配送应急物资,支撑力量持续行动,其场景如图 6 - 3 所示。

二、基础数据规整

按照场景任务构想中的设定,无人配送力量负责为前线防卫力量各任务单元实施应急物资的支援保障。根据防卫力量物资携运行标准及无人运输投送装备谱系,

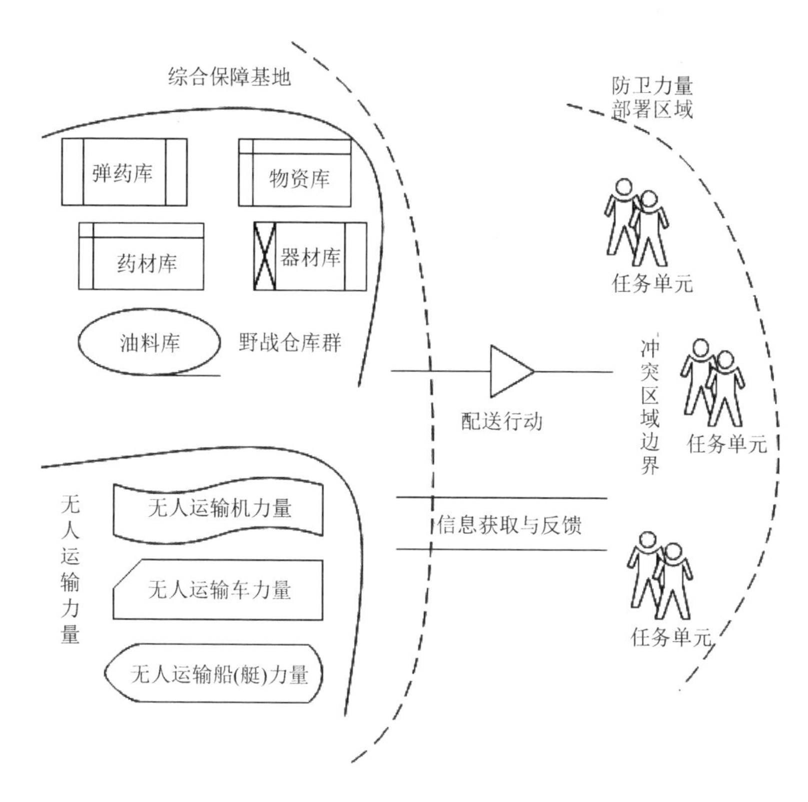

图 6-3　无人配送力量应用场景示意图

本书制定了无人配送系统集成软件运行所需的防卫力量和无人配送力量的物资携运行数据集。

(一) 防卫力量携运行物资数据集

分析某立体防卫力量的任务单元,其携运行物资结构如表 6-1 所列。

(二) 无人配送力量携运行物资数据集

根据防卫力量物资携运行信息,本书拟制了无人配送力量需要预置预储的弹药、油料、军需、器材与药材等物资结构,其数据集如表 6-2 所列。

表 6-1　某立体防卫力量任务单元携运行物资统计表(部分)

序　号	物资类型	物资名称	计量单位	单位数量	携运行量	消耗标准	消耗限额
1	弹药	手榴弹	基数	50	5	2	2

续表 6-1

序　号	物资类型	物资名称	计量单位	单位数量	携运行量	消耗标准	消耗限额
2	弹药	手枪弹	基数	200	30	15	20
3	弹药	机枪弹	基数	150	25	15	20
4	弹药	步枪弹	基数	200	30	15	20
5	油料	煤油	基数	30	60	25	30
6	军需	野战食品	箱	10	40	18	20
7	军需	自热食品	公斤	1	60	30	40
8	药材	救急包	基数	50	30	10	15
9	药材	止疼药	基数	60	30	10	15
10	器材	维修器材	套	1	6	2	3
⋮	⋮	⋮	⋮	⋮	⋮	⋮	⋮

表 6-2　无人配送力量携运行物资统计表(部分)

序　号	物资类别	物资名称	计量单位	单位数量	储备单位数	单位重量/kg	单位尺寸/m^3
1	弹药	手枪弹	基数	200	300	20	0.5×0.4×0.3
2	弹药	机枪弹	基数	150	400	30	0.6×0.4×0.4
3	弹药	手榴弹	基数	50	400	25	0.5×0.4×0.3
4	军需	野战单兵食品	箱	10	1000	10	0.6×0.4×0.4
5	军需	自热食品	公斤	1	1000	1	0.4×0.2×0.2
6	药材	急救包	基数	50	800	5	0.5×0.3×0.3
7	药材	止疼药	基数	60	800	6	0.5×0.3×0.3
8	药材	担架	件	1	300	1.5	1.5×0.4×0.1
9	器材	专用维修器材	套	1	200	20	0.8×0.6×0.2
10	器材	通用维修器材	套	1	300	15	0.7×0.6×0.2
11	器材	营房器材	套	1	500	30	0.8×0.5×0.3
12	器材	破障器材	套	1	300	5	1×0.4×0.3
	⋮	⋮	⋮	⋮	⋮	⋮	⋮

本书围绕携运行物资结构和规模,考虑物资储运要求,归纳形成如表 6-3 所列的集装具结构信息。

表 6-3　集装具实力统计表(部分)

序　号	集装具类别	集装具名称	数　量	载重量/kg	容量尺寸/m³	自重/kg
1	货箱	小型货箱	50	80	1×0.8×0.5	5
2	货箱	中型货箱	30	120	1.2×1×0.8	8
3	货箱	大型货箱	15	150	1.8×1.2×1	15
4	托盘	箱式托盘	20	300	1.2×1×1.5	5
5	托盘	平托盘	15	150	1.2×1×1.5	3
6	货箱	中型铁皮箱	10	200	2×1.5×1.5	10
7	货箱	大型铁皮箱	5	400	4×2×2	15
8	集装箱	专用集装箱	4	6 000	12×2×2	400
	⋮	⋮	⋮	⋮	⋮	⋮

为满足无人配送场景下的配送保障需求，无人配送力量装备了无人运输机、无人运输车、无人运输船(艇)等运载工具，其数据集如表 6-4 所列。

表 6-4　无人配送力量运载工具实力统计表(部分)

序　号	装备名称	装备数量	运输/(km/h)速度	载重量/kg	运载空间/m³	装备 ID
1	无人直升机	10	60	80	5×1.5×2	UAV001-10
2	六旋翼无人机	15	35	40	2.5×1×1	UAV011-25
3	固定翼无人机	5	80	200	6×4.5×2.5	UAV026-30
4	轻型无人车	10	30	40	1.5×1×0.8	UGV001-10
5	重型无人车	8	25	450	5×2×3	UGV011-18
6	小型无人艇	5	20	50	4×3×2	USV001-5
7	大型无人船	2	15	1 000	20×15×12	USV006-7
	⋮	⋮	⋮	⋮	⋮	⋮

考虑到特殊环境下无人配送模式处于试验探索阶段，其配送业务数据较少、给定数据存在一定片面性，本文仅按主题分析决策的必要需求，模拟一个周期的应急物资配送需求和业务筹划的相关配送数据资源。

三、数据集成分析

无人配送系统集成的数据集成由部署于数据集成层的 Informatica PowerCenter 工具实现。由于系统集成信息主题种类繁多，数据处理批量大，本节重点针对“无人配送方式选择"主题的数据抽取、规整进行实验。实验的主要流程包括数据表导入、主题映射设计、工作流创建与集成效果验证。

(一) 数据表导入

根据多维数据表和配送方式选择模型,需要导入的数据表由时间表(T1)、物资表(T2)、需求表(T3)、事实表(T4)和无人运载装备表(T5)构成,其中,前 4 个表来自 SQL Server 数据库,最后 1 个表来自 Oracle 数据库。数据接口通过 PowerCenter Designer 工具配置,导入源表,设计并生成目标表,如图 6-4 所示。

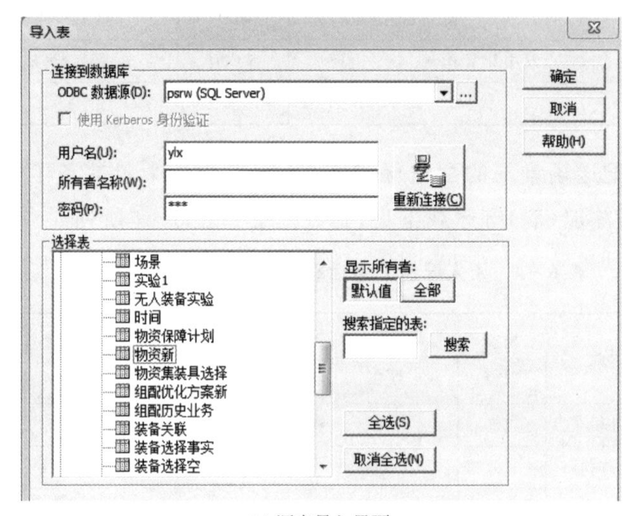

(a) 源表导入界面

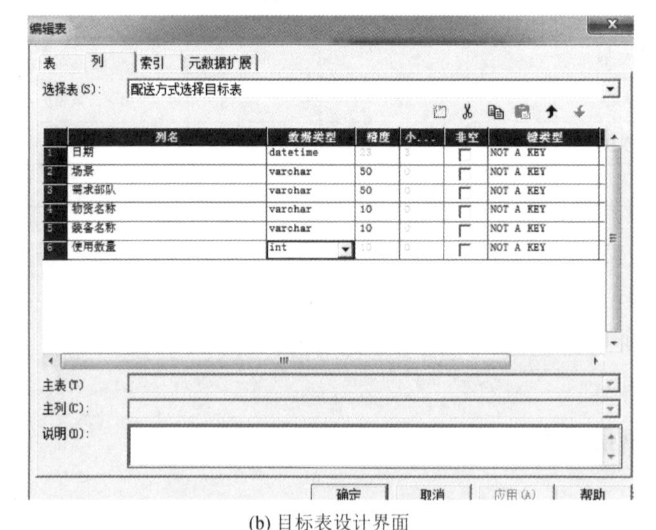

(b) 目标表设计界面

图 6-4 数据表导入界面

（二）主题映射设计

导入数据表之后，根据数据仓库的多维数据模型及数据开发要求，合理运用组件，设计主题映射，其概念图如图 6－5 所示。在图 6－5 中，T1～T4 属于同一数据库，通过 Source Qualifier 组件进行键连接；T5 所属数据库与 T1～T4 不同，通过 Joiner 组件进行键连接。Expression 组件用于修改 T5 主键精度，使其能够匹配 SQL 中的相关端口。

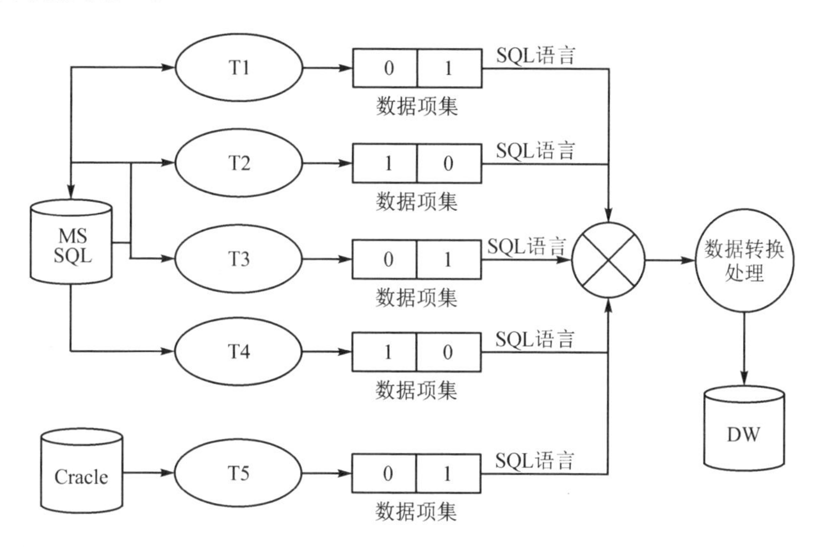

图 6－5　主题映射设计界面

（三）工作流创建

映射创建保存后，通过 PowerCenter Workflow Manager 工具创建集成工作流，配置关系接口，最终运行数据集成任务，如图 6－6 所示。

（四）集成效果验证

经实验验证，依托 Informatica Client 各工具执行数据集成任务，关联聚合了预期的全部数据，目标表中的主题数据完整、正确，符合应用开发的预期标准。

四、系统应用分析

对系统的应用分析是通过装载配送数据、模拟配送任务、测试系统功能，验证无

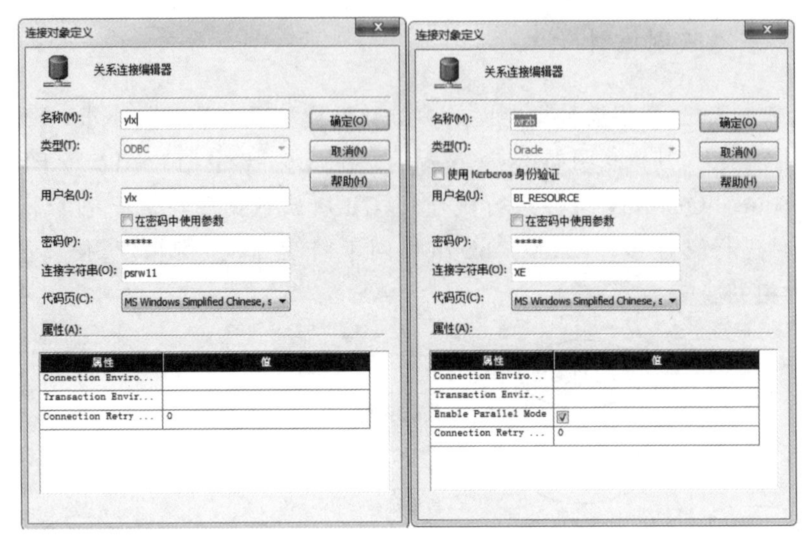

(a) 关系配置界面

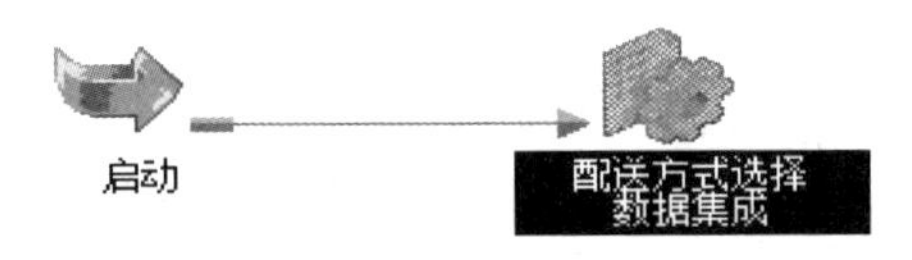

(b) 集成任务创建界面

图 6-6　工作流创建界面

人配送系统集成软件支撑下的决策、管理与行动方面的应用效果。

(一) 软件运行流程

根据软件功能模块的设计思路,无人配送系统集成软件的运行是按照决策、管理与行动三个主题类别进行的,其流程如图 6-7 所示。

(二) 数据库管理

通过数据库管理模块,用户可导入所列的物资储备、集装具与无人运输装备等方面的配送基础数据,该模块同时也支持对这些数据的维护。经检验,软件批量导入实验用基础数据集(注:批量导入是指一次性装载多条数据记录的功能),存储后其数据可视、正确、完整。

(三) 配送任务管理

无人配送系统集成软件通过配送任务管理模块接收上级下达的物资配送任务,

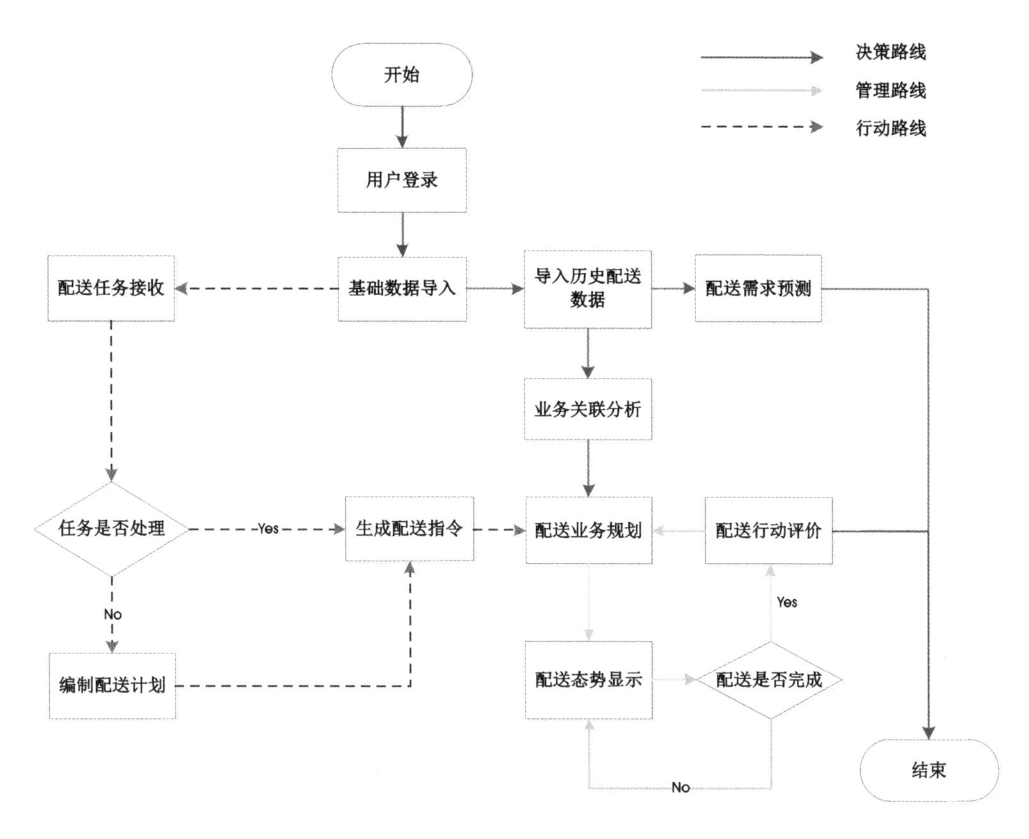

图 6-7 无人配送系统集成软件运行流程

针对配送任务制订配送计划并生成配送指令,如图 6-8 所示。经检验,软件批量导入任务数据集,数据准确、完整。而后,通过选择标识 ID"BZ001"配送任务,软件显示任务清单并制订配送计划,经用户确认后提交数据库存储及应用。

(四) 配送需求管理

系统数据后台聚合并向软件导入配送需求数据,软件支持查询并根据算法预测某日的部队物资需求、无人运输装备需求及物资配送要求,支持配送资源预储预置方面的科学决策。根据选定的任务单元,软件自动生成并显示如图 6-9 所示需求预测,图中横轴 1～8 上方对应的各柱状图依次代表表 6-2 所列物资名称。

结合图 6-9 所示物资需求信息,软件能够按照输入时间(比如输入"8"表示"第 8 天")自动预测该时间内无人运输装备需求,如图 6-10 所示。

(五) 配送任务规划

系统数据后台聚合配送业务数据,从装备选型、组配模式、配载模式等方面显示

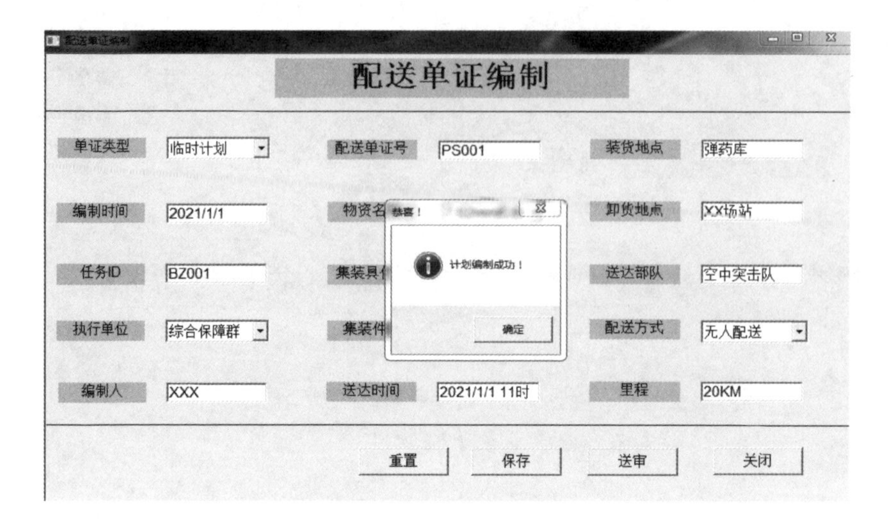

图 6-8　配送任务管理模块界面

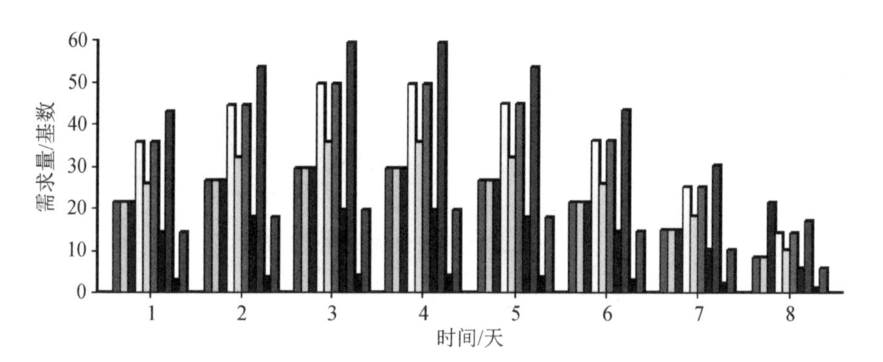

图 6-9　物资需求预测界面

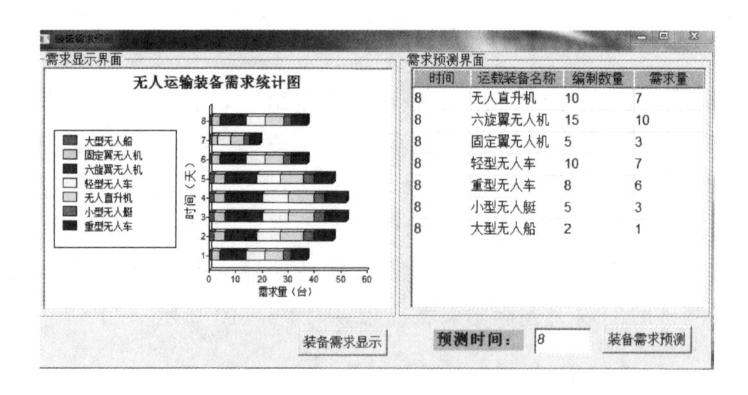

时间	运载装备名称	编制数量	需求量
8	无人直升机	10	7
8	六旋翼无人机	15	10
8	固定翼无人机	5	3
8	轻型无人车	10	7
8	重型无人车	8	6
8	小型无人艇	5	3
8	大型无人船	2	1

图 6-10　配送需求管理模块界面

历史业务记录，并分析装备、集装具、物资之间的关联，支持配送任务规划决策。

1. 业务关联分析

通过输入相关参数，软件后台对业务数据进行分析，前端显示配送资源关联情况。以向防卫力量分队提供配送运输支援为例，当决策者选用重型无人运输车作为配送运输装备时，将优先组合运用六旋翼无人运输机。以单兵食品组配为例，决策者倾向于组合运用中型货箱与箱式托盘，如图 6－11 所示。

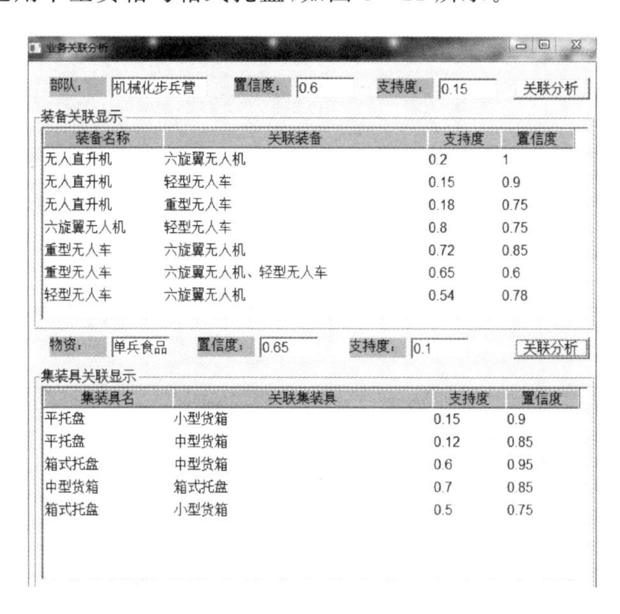

图 6－11　业务关联分析界面

2. 配送任务规划

根据下达的各类配送计划，现有物资、装备、集装具等资源情况以及历史配送业务数据，软件利用模型算法生成任务的推荐规划方案供决策者选择。

3. 运力编组验证

软件汇总决策者选择的所有配送方案，计算保障时段内各型无人运输装备的使用数量，并与装备型号数量进行对比分析。无人运输力量运用分析如图 6－12 所示。以固定翼无人运输机与无人运输直升机为例，其在 13 时的使用数量明显超过了现有实力，故需要调整该时段方案或申请补充无人运输装备。

（六）配送态势管理

软件聚合配送业务数据，通过数据窗口显示配送任务、无人运输装备、物资状态信息，并以统计图直观显示某时刻的配送运输态势。

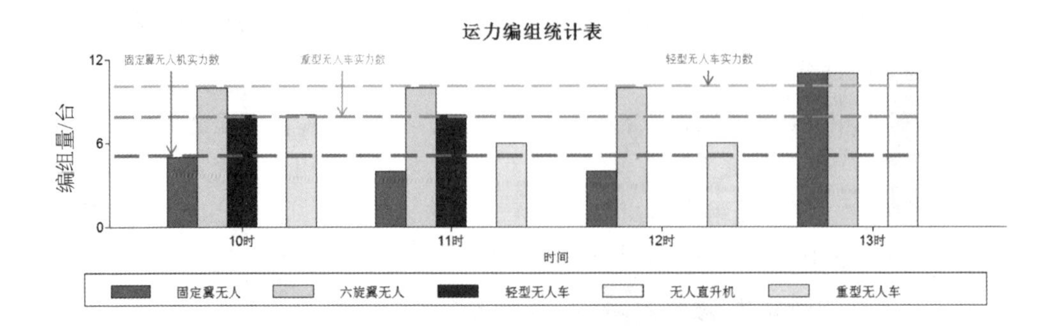

图 6-12　运力编组能力分析示意图

① 在任务状态管理界面中输入任务标识 ID,可查询任务基本信息以及业务状态信息。查询的状态信息显示内容主要包括记录时间、任务 ID、任务状态等数据项。任务状态管理界面如图 6-13 所示。

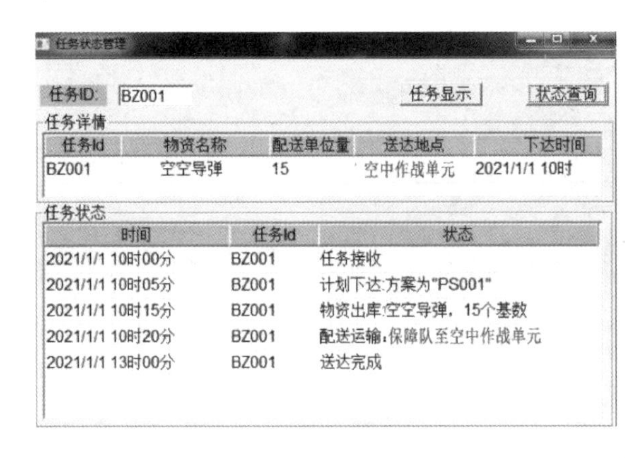

图 6-13　任务状态管理界面

② 在综合态势显示界面中输入查询时间,即可显示该时刻下的整体配送态势。查询的综合态势信息显示内容主要包括载运装备性能状态、配送任务进度以及物资完好率等数据项。配送态势图如图 6-14 所示。

(七) 配送行动评价

无人配送系统集成软件聚合配送行动的执行数据,通过定制评价指标体系、指标赋权、转换计算,最终显示各配送任务行动的具体评分与汇总情况。配送任务行动的评价结果如图 6-15 所示。

经验证,在评价指标赋权区输入指标权重并保存,单击“结果显示”按钮,软件自动生成各任务评分明细,以反馈支持任务规划;通过统计图表直观显示整体任务评分情况,支持对配送行动的总体管控。

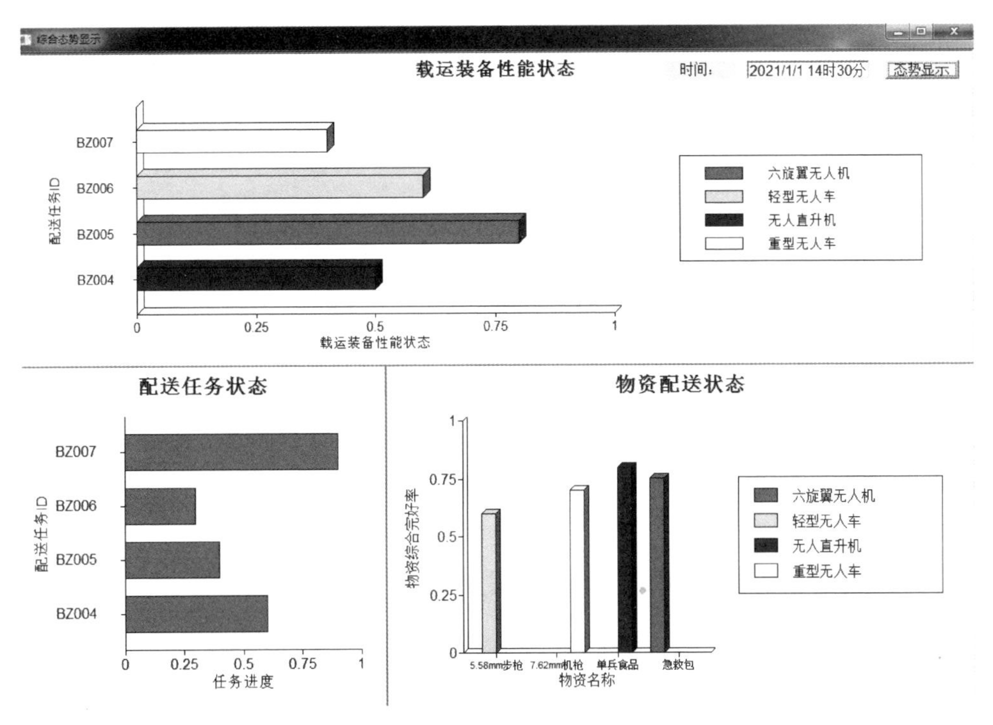

图 6-14 综合态势显示界面

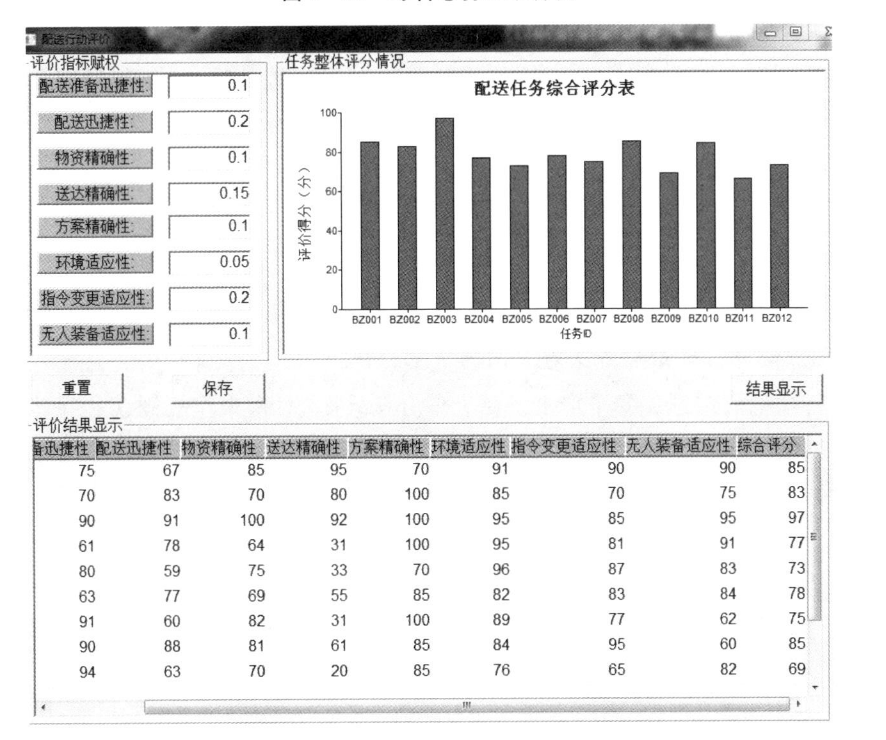

图 6-15 配送行动评价模块界面

第三节　无人配送系统集成应用对策

考虑到高原、山地、海岛等特殊应用场景下的物资配送保障问题，传统运输装备运载量大且在时效性上存在较大的不确定性，实现物资精确保障要求有一定风险。基于此，在提升物资配送保障效能方面，无人配送系统属于新质力量，其信息化、智能化水平较高，信息掌控是运用无人运输装备的数据基础，因此，要实现无人配送系统集成及效能发挥，首要解决的是无人配送系统集成共用数据安全传输、可靠交换的问题。

一、厘清无人配送需求，加强集成体系顶层设计

推进无人配送系统集成建设，必须体系化设计顶层集成架构，从战略高度谋长远。具体要做到以下 3 点：

① 大胆前瞻谋划。着眼未来无人化、智能化发展趋势，对标强敌对手，立足国情军情，前瞻设计要考虑无人配送装备集群、无人配送多源数据异构、集群装备协同等在内的系统要素集成应用规划，注重体系集成，发挥系统集成的涌现性，实现规模效应和结构释能效应。

② 瞄准集成技术创新。坚持用新质保障力的理论与方法，跟踪无人智能配送技术与集成发展前沿动态，统筹国家资源及科研力量，有针对性地开展无人智能平台本体及其相关新质技术、随机动态安全网络集成技术、任务智能规划理论与方法、智能推演和效能评估理论与方法等方面的技术合作攻关。

③ 科学论证规划。要采取上下结合的办法，深入对未来作战概念和保障概念及其方法手段的研究，搞清楚未来作战和保障构想是什么、战场环境是什么、无人配送系统集成定位是什么，并在反复论证中使发展定位、发展目标和发展路径逐步清晰起来，进而牵引无人智能配送装备与技术集成研发、力量建设沿着军事需求循序渐进的稳步发展。

二、贯通配送保障链路,加快无人配送环境建设

无人配送系统集成立足无人配送任务特点,区分应急配送模式和日常配送模式,深化无人配送系统集成目标和运用预案研究,深化新质技术在特殊场景应用的军事需求论证,牵引无人智能装备性能在满足部队需求方面实现升级迭代。

① 构设战场配送场景,突出无人智能装备的适应性和技术集成化。无人配送的特殊应用场景条件,如山地、高原、荒漠、海洋和天空、电磁、空间等场景,对无人配送系统集成的组织指挥、任务规划、飞行控制、导航链路、信息保障和联合运用等方面都提出了严苛的要求,必须根据不同战场环境,对无人配送系统要素及其集成的适应性进行科学评估,并在实践中反复应用、试验验证和迭代升级,持续提升无人配送装备的安全性与可靠性。

② 贯通无人配送保障信息链路,突出与现代军事物流系统的融合。落实无人配送系统集成要素融入现代军事物流体系的要求,融合传统配送系统与无人配送系统,实现无人配送与传统配送行动的有效衔接和有序协同,针对业务链路、信息链路、物资链路贯通面临实际,需要统一技术标准、统一频谱规划、统一敌我识别方法、统一链路贯通流程,为不断提高无人配送保障能力奠定贯通链路基础。

三、完善支撑条件,抓好无人配送系统配套建设

无人配送系统是新域新质力量,是为适应信息化战争而产生的新的研究方向,为使其能够与传统配送系统可靠融合,需要尽快完善相应无人配送运行机制、无人配送运用管控机制,以及支撑无人配送系统运行的软件和硬件设施条件。

① 抓好无人配送场地建设。对于无人运输机,利用军地机场扩建无人机保障基地或训练基地,适当增减无人机机库和细化无人机技术保障所需的配套设施设备,解决机场有装无库或机库不足的问题;对于无人运输车,依托不同等级的公路和汽车训练场或试验场,建立或改造无人运输车的“停放”车库,解决无人运输车专用试验场地不足的问题;对于无人运输船(艇),依托现有河道或专用船(艇)试验场,结合专用无人运输船(艇)运用要求进行配套改造,解决无人运输船(艇)训练不完善的问题。

② 抓好无人配送力量建设。探索军地共建无人配送军民专业队伍的组建模式、职责分工、建设项目及培养训练、使用管理等机制,拓宽人才培养渠道,特别是对于无人配送系统指控力量和技术保障力量的建设,逐步扩大保障人才培养数量,满足

未来无人智能保障的发展需要。

③ 抓好无人配送制度标准建设。梳理运用无人保障力量实施配送的系列规章制度、技术标准和操作规范，借鉴无人作战力量建设与运用的成果，结合特殊场景下的无人配送保障建设与运用要求，修订/新建无人配送系统配套建设规范和运用机制，以及无人智能平台建设标准，为无人配送系统“建管训用”提供依据。

④ 畅通无人配送保障渠道。结合当前低空、陆地和海域无人运输装备在运用实际中面临的阻点，以及未来无人运输投送的发展需要，探索逐步开放低空领域、海域，简化运行申报程序方面的政策和技术办法。

附　录　无人配送信息数据元表

序号	分类编号	LOGINK平台数据元名称	无人配送数据元名称	字　段	数据类型	数据格式
日期时间、期限数据元(共11项)						
1	WL0200001	日期	日期	Date	日期型	n8
2	WL0200003	时间	时间	Time	时间型	n9
3	WL0200007	单证签发日期时间	配送任务下达时间	Task_time	日期时间型	n14
4	WL0200139	交货约定日期时间	物资送达要求时间	Delivery_time	日期时间型	n14
5	WL0200107	实际抵达日期时间	实际送达时间	Arrival_time	日期时间型	n14
6	WL0200825	装运日期时间	配载完成时间	Loading_time	日期时间型	n14
7	WL0200859	派车日期时间	配送运输指令下达时间	TransportOrder_time	日期时间型	n14
8	WL020089	更新日期时间	配送运输状态记录时间	Condition_time	日期时间型	n14
9	WL0200349	预计抵达日期时间	预计到达时间	EstArrival_time	日期时间型	n14
10	WL0200845	装箱日期时间	组配完成时间	Stuffing_time	日期时间型	n14
11	WL0200073	事件有效截止日期时间	截止日期	Deadline	日期时间型	n14
单证、参考数据元(共10项)						
1	WL0100000	单证名称	单证名称	Order_name	字符型	an..35
2	WL0100001	单证名称代码	单证名称代码	OrderName_id	字符型	an..3
3	WL0100004	单证号	单证号	Order_id	字符型	an..35
4	WL0100140	发货人参考号	物资源参考号	Supplier_RefId	字符型	an..35
5	WL0100188	运输单证号	配送单证号	Distribution Order_id	字符型	an..35
6	WL0100800	单证类型	单证类型	Order_type	字符型	an..35
7	WL0100812	作业单号	作业单号	JobOrder_id	字符型	an..50

附录续表

序号	分类编号	LOGINK 平台数据元名称	无人配送数据元名称	字段	数据类型	数据格式
8	WL0100828	托运单状态描述	配送状态描述	DistributionStatus_description	字符型	an..35
9	WL0100833	作业单状态代码	作业状态代码	JobOrder Status_id	字符型	an..3
10	WL0100828	托运单状态描述	任务状态代码	TaskStatus_code	字符型	an..3
参与方、地址、地点、国家(共 12 项)						
1	WL0300132	收货人	需求部队	demandUnit_name	字符型	an..512
2	WL0300144	交货人	物资保障队	Supplier_name	字符型	an..512
3	WL0300156	仓库	野战仓库	Warehouse_name	字符型	an..256
4	WL0300157	仓库标识符	野战仓库代码	Warehouse_id	字符型	an..35
5	WL0300160	收货地点	收货地点	Goods Receipt Place	字符型	an..256
6	WL0300334	装货地点	装货地点	PlaceOfLoading	字符型	an..256
7	WL0300392	卸货地点	卸货地点	PlaceOfDischarge	字符型	an..256
8	WL0300814	公路路线名称	路线名称	Route_name	字符型	an..60
9	WL0300815	公路路线编号	路线代码	Route_id	字符型	an..10
10	WL0300820	公路起点名称	路线起点名称	StartPoint_name	字符型	an..60
11	WL0300822	公路止点名称	路线止点名称	EndPosition_name	字符型	an..60
12	WL0300946	仓库类型	仓库类型	Warehouse_type	字符型	an..35
计量标识符、数量(非货币量)(共 23 项)						
1	WL0600000	纬度	纬度	Latitude_degree	数字型	n..12,8
2	WL0600002	经度	经度	Longitude_degree	数字型	n..12,8
3	WL0600008	高度	海拔高度	Altitude	数字型	n..15
4	WL0600012	托运物毛重	载运总重量	Total_weight	数字型	n..16
5	WL0600014	托运物净重	物资重量	Material_weight	数字型	n..16
6	WL0600016	货物项净重	单位物资重量	Unit_weight	数字型	n..16
7	WL0600060	量	数量	Quantity	字符型	an..35

附录续表

序 号	分类编号	LOGINK 平台数据元名称	无人配送数据元名称	字 段	数据类型	数据格式
8	WL0600140	宽度	宽度	Width	数字型	n..15
9	WL0600156	集装箱箱重	集装箱箱重	Container_weight	数字型	n..5
10	WL0600168	长度	长度	Length	数字型	n..15
11	WL0600246	温度	温度	Temperature	数字型	n..15
12	WL0600294	运输设备毛重	载具自重	Vehicle_weight	数字型	n..14
13	WL0600314	计量值	计量值	Measurement Value	字符型	an..18
14	WL0600322	体积	体积	Cube	数字型	n..9
15	WL0600410	计量单位名称	计量单位名称	MUnit_name	字符型	an..35
16	WL0600422	托运体积	物资体积	Material_cube	数字型	n..9
17	WL0600810	容器数量	储位数量	Storage_quantity	数字型	n..6
18	WL0600814	容器体积	储位容积	Storage_cube	数字型	n..12
19	WL0600816	速度	速度	Speed	字符型	an..17
20	WL0600832	货物实收数量	物资收货数量	pkg_quantity	数字型	n.. 6
21	WL0600834	货物破损数量	物资破损数量	Damage Pkg_quantity	数字型	n.. 6
22	WL0600836	货物拒收数量	物资拒收数量	RejectPkg_ quantity	数字型	n.. 6
23	WL0600838	货物缺件数量	物资缺失数量	MissingPkg_ quantity	数字型	n.. 6
货物和物品的描述和标识符(共 8 项)						
1	WL0700002	货物名称	物资名称	Material_name	字符型	an..512
2	WL0700085	货物类型分类代码	物资代码	Material_id	字符型	an..3
3	WL0700064	包装类型	包装类型	Package_type	字符型	an..35
4	WL0700224	包装数量	包装数量	Package_quantity	字符型	n..8
5	WL0700228	装箱件数	集装件数	Stuffing_ quantity	字符型	n..6
6	WL0700820	货物分类名称	物资类别	Material_type	字符型	an..35
7	WL0700832	货物规格	物资规格	Mt_Specification	字符型	an..35
8	WL0700850	库存状态	物资库存状态	Storage_status	字符型	an..35

附录续表

序号	分类编号	LOGINK 平台数据元名称	无人配送数据元名称	字　段	数据类型	数据格式
运输方式、工具、集装箱及其他设备(共 34 项)						
1	WL0800066	运输方式	配送方式	Distribution_mode	字符型	an..17
2	WL0800154	设备规格和类型	载具平台规格	Vehicle_size	字符型	an..35
3	WL0800178	运输工具类型	载具类型	Vehicle_type	字符型	an..17
4	WL0800212	运输工具标识	载具名称	Vehicle_name	字符型	an..35
5	WL0800213	运输工具标识代码	载具代码	Vehicle_id	字符型	an..9
6	WL0800800	车辆分类	运输车辆类别	Trunk_type	字符型	an..12
7	WL0800824	车辆厂牌型号	车船生产厂家	Trunk_name	字符型	an..50
8	WL0800802	车辆牌照号	运输车辆车牌号	Trunk_id	字符型	an..35
9	WL0800812	车辆载质量	车辆载质量	Trunk_tonnage	数字型	n..9,2
10	WL0800814	车辆自重	车辆自重	Trunk_tare	数字型	n..6,2
11	WL0800816	道路运输证号	道路运输证号	RTC_number	字符型	n15
12	WL0800818	车辆规格型号	运输车辆型号	Trunk_specification	字符型	an..35
13	WL0800836	船舶登记号	运输船登记号	VR_number	字符型	an..16
14	WL0800840	中文船名	运输船名	Vessel_name	字符型	an..100
15	WL0800841	船名代码	运输船代码	Vessel_id	字符型	an..10
16	WL0800846	船舶种类	运输船种类	Vessel_type	字符型	an..35
17	WL0800860	净吨	运输船载重量	Vessel_tonnage	数字型	n..16
18	WL0800864	航线名称	海上航线名称	SRoute_name	字符型	an..30
19	WL0800865	航线代码	海上航线代码	SRoute_id	字符型	an..11
20	WL0800866	航次	船运批次	SRoute_number	字符型	an..10
21	WL0800900	装箱方式	集装形式	Stuffing_method	字符型	an..3
22	WL0800876	集装箱箱型分类	集装箱箱型	Container_type	字符型	a2
23	WL0800874	集装箱尺寸分类	集装箱尺寸分类	CSize_type	数字型	n..2
24	WL0800878	集装箱装载状态	集装箱装载状态	CLoading_status	字符型	an..35
25	WL0800884	集装箱号	集装箱代码	Container_id	字符型	an..12
26	WL0800886	托盘规格	托盘规格	Pallet_specification	字符型	an..35

附录续表

序号	分类编号	LOGINK 平台数据元名称	无人配送数据元名称	字 段	数据类型	数据格式
27	WL0800888	托盘分类	托盘名称	Pallet_name	字符型	an..35
28	WL0800890	托盘编号	托盘代码	Pallet id	字符型	an..10
29	WL0800902	业务类型名称	配送业务名称	Business_name	字符型	an..35
30	WL0800913	运输状态代码	物资状态代码	Mstatus_code	字符型	an..3
31	WL0800922	送货方式描述	送达方式	Delivery_mode	字符型	an..17
32	WL0800942	路线描述	路况	Route_status	字符型	an..256
33	WL0800959	航行状态代码	载具运行状态代码	Vstatus_code	字符型	an..2
34	WL0800986	发车班次	车运批次	TRoute_number	数字型	n..2
其他数据元(共 5 项)						
1	WL0900818	照片描述	照片描述	Photo_description	字符型	an..256
2	WL0900819	照片	照片	Photo	二进制型	jpeg
3	WL0900828	天气情况	天气情况	Weather_status	字符型	an..60
4	WL0900948	里程	里程	Distance	数字型	n..8
5	WL0900954	车辆状态信息	载具性能状态	Vehicle_status	字符型	an..2

参考文献

[1] 荀烨.军事物流学[M].北京:中国财富出版社,2019:228-230.

[2] 周俊飞.一本书读懂无人机物流[M].北京:机械工业出版社,2018:67-78.

[3] 夏华夏.无人驾驶在末端物流配送中的应用和挑战[J].人工智能,2018(6):78-87.

[4] 刘星辰,张美.物流配送无人机及其配送系统的设计研究[J].科技创新导报,2017(21):12-15.

[5] 海军.浅谈无人机在无人配送和交通保障中的应用[J].国防交通,2018(2):36-28.

[6] 包欣鑫,骆培,王可林.浅析无人机配送的优势及障碍[J].现代商业,2017(23):13-14.

[7] 李绍斌,姜大立,漆磊.基于配送无人机的战场物资精确直达保障模式探讨[J].空军工程大学学报(军事科学版),2017,20(1):68-70.

[8] 李绍斌,姜大立,付高阳,徐莱.战场物资无人机配送研究[J].国防科技,2019,40(3):98-104.

[9] 王蕾婷,石璐瑶,姚世圆.无人设备末端配送存在的问题及优化建议[J].科技创新与应用,2022(32):39-41;45.

[10] 刘正元,王清华.战时军队物资保障中无人机配送的应用[J].物流技术,2020,39(8):128-132

[11] 陆玲玲,胡志华.海岛无人机配送中继站选址-路径优化[J].大连理工大学学报,2022,62(3):299-308

[12] 张建东,吴兆东.外军物资保障领域无人化装备发展现状及对我军的启示[J].物流技术,2018,37(5):150-152.

[13] 雷炎. K-MAX 助美军抽身阿富汗[N]. 中国国防报,2013-10-22(13).

[14] 赵先刚.无人作战研究[M].北京:国防大学出版社,2021.

[15] 雷鹏.南海岛礁物流保障问题探讨[J].物流技术,2017,36(6):44-46;106.

[16] 海峰,李必强,冯艳飞.集成论的基本问题[J].自然杂志,2000(4):219-224.

[17] 海峰,冯艳飞,李必强.管理集成理论的基本范畴[J].系统辩证学学报,2000,8(4):44-48.

[18] 海峰,李必强,冯艳飞.集成论的基本范畴[J].中国软科学,2001(1):114-117.
[19] 孙淑生,李必强.试论集成论的基本范畴与基本原理[J].科技进步与对策,2003,20(10):8-10.
[20] 潘慧明,黄杰.集成的基本原理与模式研究[J].湖北工业大学学报,2006(2):83-86.
[21] 陆军神目:美国陆军无人机系统路线图(2010-2035)[M].丁卫华,孟凡松,译.沈阳:辽宁大学出版社,2011.
[22] 王晓静.美海军无人系统集群发展研究[J].海上力量瞭望 2018(1):8-11.
[23] 贾永楠,田似营,李擎.无人机集群研究进展综述[J].航空学报,2020,41(6):1-11.
[24] 武晓龙,王茜,焦晓静.美国小型无人机集群发展分析[J].飞航导弹,2018,32(02):31-37.
[25] 李浩,孙合敏,李宏权,等.无人机集群蜂群作战综述及其预警探测应对策略[J].飞航导弹,2018(11):46-51.
[26] 许瑞明.无人机集群智能的生成样式研究[J].现代防御技术,2020,48(5):44-49.
[27] 吴雪松,杨新民.无人机集群 C2 智能系统初探[J].中国电子科学研究院学报,2018,13(05):515-519.
[28] 李鹏举,毛鹏军,耿乾,等.无人机集群技术研究现状与趋势[J].航空兵器,2020,27(4):25-32.
[29] 廖南杰.探索更深的蓝——美海军首次“无人集成作战问题”演习特点分析 https://www.163.com/dy/article/GQSVLKAS0514R8DE.html.
[30] 梁光霞.无人集群系统在现代物流中的应用展望[J].企业科技与发展,2019(12):128-129.
[31] 王肖飞,李冬,陆巍巍,谢宇鹏.无人机集群战例分析与作战研究[J].舰船电子工程,2020,40(11):16-19;57.
[32] 吴恭兴,王琳玲,张家伟.无人艇集群控制技术及其应用[J].中国船检,2020(11):62-65.
[33] 常书平,邵立福,周自文,梁晓锋.无人艇在边海防作战保障中的应用研究[J].船舶工程,2020,42(S1):10-13;500.
[34] 于宪钊,孙明月,朱鹏飞.国外无人系统集群/协同作战发展基本情况[J].海上力量瞭望,2018(7):5-17.
[35] 彭周华,吴文涛,王丹,刘陆.多无人艇集群协同控制研究进展与未来趋势[J].中国舰船研究,2021,16(1):51-60.

[36] 张国庆,李纪强,柏林,张卫东. 无人机/无人船协同系统研究现状及关键技术[J]. 水上安全,2022(5):42-48.

[37] 樊洁茹,李东光. 有人机/无人机协同作战研究现状及关键技术浅析[J]. 无人系统技术,2019(1):39-47.

[38] 任旋,黄辉,于少伟,等. 车辆与无人机组合配送研究综述[J]. 控制与决策,2021,36(10):2314-2327.

[39] 周浪. 农村电商物流配送"配送车+无人机"路径优化研究[D]. 武汉:武汉理工大学,2019.

[40] 李杰,李兵,等. 无人系统设计与集成[M]. 北京:国防工业出版社,2014:1-13.

[41] 彭勇,黎元均. 考虑疫情影响的卡车无人机协同配送路径优化[J]. 中国公路学报,2020,33(11):73-82.

[42] 张雪飞. 货车和无人机联合配送路径多目标优化研究[D]. 邯郸:河北工程大学,2022.

[43] 段聪. 基于无人机与卡车联合配送的医药物流路径优化研究[D]. 沈阳:沈阳工业大学,2022.

[44] 余海燕,苟梦圆,吴腾宇. 应急物资的无人机与车辆并行在线配送问题[J]. 计算机工程与应用,2023,59(19):247-254.

[45] 李磊,汪贤锋,王骥. 外军有人-无人机协同作战最新发展动向分析[J]. 战术导弹技术,2022(01):113-119.

[46] 王子熙. 美军有人直升机与无人机的协同作战[J]. 飞航导弹,2014(07):61-66.

[47] 李宗璞. 不止于此:对美《无人系统综合路线图(2017—2042)》之解读[J]. 空军工程大学学报(军事科学版),2019,19(2):100-102.

[48] 韩睿,李微微,沈丹阳. 基于不同外部环境和运载重量的无人机物流配送选型研究[J]. 空运商务,2017(12):51-55.

[49] 贾志强. 从美军数据中心整合工作看我军后方仓库信息化建设[J]. 装备学术,2015,(1):77-78.

[50] 宋星,贾红丽,王家其,王谦. 大数据在美军装备后勤中的应用[J]. 飞航导弹,2019,(07):11-14.

[51] 肖意生,刘根生. 基于 Web Services 技术的物流信息集成框架[J]. 中国物流与采购,2006(14):74-75.

[52] 庄春生,刘成安,刘宏伟,陈东升. 企业物流信息集成数据管理软件的设计[J]. 河南科学,2005,23(6):944-946.

[53] 王岩,凌兴宏,葛娟,伏玉琛. 第三方物流信息系统的数据集成研究[J]. 计算机应用与软件,2009,26(1):159-160.

[54] 贡祥林,杨蓉."云计算"与"云物流"在物流中的应用[J].中国流通经济,2012(10):29-33.
[55] 王静,宋赛.基于采购全流程贯通的大数据分析体系构建[J].数码设计,2017(6):12-14.
[56] 窦欣.云计算融合物联网技术的物流园区综合信息服务平台设计[J].现代电子技术,2017,40(11):25-28.
[57] 刘伟.运用数据思维方法助力部队后勤建设[J].自动化指挥与计算机,2017(4):48-49.
[58] 徐祖武,童汉云,荆彬.构建良好数据环境破解后勤信息孤岛[J].军事经济研究,2013(7):55-56.
[59] 齐继东,荀烨,张文斌.后勤物资配送信息融合新技术体系研究[J].军事交通学院学报,2014,16(2):60-63.
[60] 朱锦泉.基于SOA和Web Services架构海军后勤信息数据集成研究[J].海军后勤学报,2011(4):65-67.
[61] 张建伟,黎铁冰.一种装备保障信息系统综合集成方法研究[J].舰船电子工程,2009,29(8):23-25.
[62] 范志国.我军无人智能化后装保障力量建设思考[J].军事学术,2019(4):58-61.
[63] 张鑫磊.城市特种作战无人机配送保障问题研究[J].军事交通学院学报,2021,23(4): 9-12.
[64] 张晶.基于数据资源规划的物流信息系统基础数据平台研究[D].大连: 大连海事大学,2010.
[65] 张剑芳.军事物流信息资源规划[M].北京:中国石化出版社,2016:27-44.
[66] 李继中张爱忠,等.基于大数据平台的军民两用基地化应急物流信息系统建设[J].军事交通学院学报,2020,22(11): 53-57.
[67] 邓劲生,郑倩冰.信息系统集成技术[M].北京:清华大学出版社,2012:213-216.
[68] 唐辉,叶静,陈键飞,等.物流公共信息平台标准体系解析[M].北京:电子工业出版社,2016:60-74.
[69] 马振利,于力.美军无人化装备的影响分析及我军后勤发展[J].国防科技,2017,38(5):36-39.
[70] 陈龙,宇文旋,曹东璞,李力,王飞跃.平行无人系统[J].无人系统技术,2018,1(1):23-37.
[71] 李鹏举,毛鹏军,耿乾,黄传鹏,方骞,张家瑞.无人机集群技术研究现状与趋势

[J]. 航空兵器,2020,27(4):25-32.
[72] 尹林暄. 战时无人配送数据集成系统设计[J]. 物流技术,2021,40(3):131-135.
[73] 魏振堃,汪涛,欧雅洵. 合成营山岳丛林边境牵制作战后勤保障[J]. 国防科技,2019,40(5):108-111.
[74] 王威. 数据资源规划中主题数据库划分研究[D]. 大连:大连海事大学,2016.
[75] 樊宁. 云数据库服务管理平台设计工作探析[J]. 信息安全与技术,2016(3).
[76] 李春葆,李石君,等. 数据仓库与数据挖掘实践[M]. 北京:电子工业出版社,2014:15-50.
[77] 刘国清,刘中,王海,等. 联合投送调度指挥系统信息集成研究[J]. 军事交通学院学报,2017,19(2): 26-30.
[78] 孔德鑫. 基于数据仓库及 OLAP 技术的生鲜配送决策平台[D]. 济南:山东师范大学,2019.
[79] 刘媛妮,赵国锋等. 数据虚拟化:多源异构数据集成之道[M]. 北京:人民邮电出版社,2019:22-90.
[80] 李春葆. 数据仓库与数据挖掘实践[M]. 北京:电子工业出版社,2014:14-100.
[81] 刘洋. 云存储技术——分析与实践[M]. 北京:经济管理出版社,2017:78-92.
[82] 于明涛. 智慧物流体系中的无人配送技术——“大数据与智慧物流”连载之八[J]. 物流技术与应用,2017(11):134-136.
[83] 中国电子技术标准化研究院. 智能无人集群系统发展白皮书[C]. 2021:22-51.
[84] 王敏,齐继东,王涵. 无人配送系统集成研究[J]. 军事交通学报,2023(11):8-11.
[85] 李风雷,卢昊,宋闯,等. 智能化战争与无人系统技术的发展[J]. 无人系统技术,2018(2):14-21.
[86] 王桂芝. 美国推进无人系统协同作战[J]. 国外坦克,2018(9):53-54.
[87] 李凌昊,张晓晨,王浩,等. 海上异构无人装备一体化协同作战架构[J]. 舰船科学技术,2019,41(12):50-53.
[88] 许瑞明. 无人机集群作战涌现机理及优化思路研究[J]. 军事运筹与系统工程,2018,32(2):14-17.
[89] 郭佳. 地面无人系统研究综述[J]//中国航天电子技术研究院科学技术委员会. 2020 年学术年会优秀论文集:273-286.
[90] 齐继东,王敏. 物资配送数据质量管理[M]. 北京:中国财富出版社有限公司,2023:53-69;73-89;97-101.
[91] 曾勇. 军事供应链集成:推进后勤系统融合的新路径[M]. 北京:经济管理出版社,2015.